DES RÉVOLUTIONS

DES

CORPS CÉLESTES

PAR

LE MÉCANISME DES ROUAGES.

Se trouve à Paris

Chez
- l'Auteur, au palais des Beaux-Arts, Pavillon du Couchant.
- P. Didot l'aîné, rue du Pont de Lodi, n° 6.
- Madame veuve Courcier, quai des Augustins, n° 57.
- Pélicier, première cour du Palais-Royal, n° 10.

SPHÈRE MOUVANTE PRÉSENTÉE A L'INSTITUT NATIONAL LE 31 JANVIER 1800.

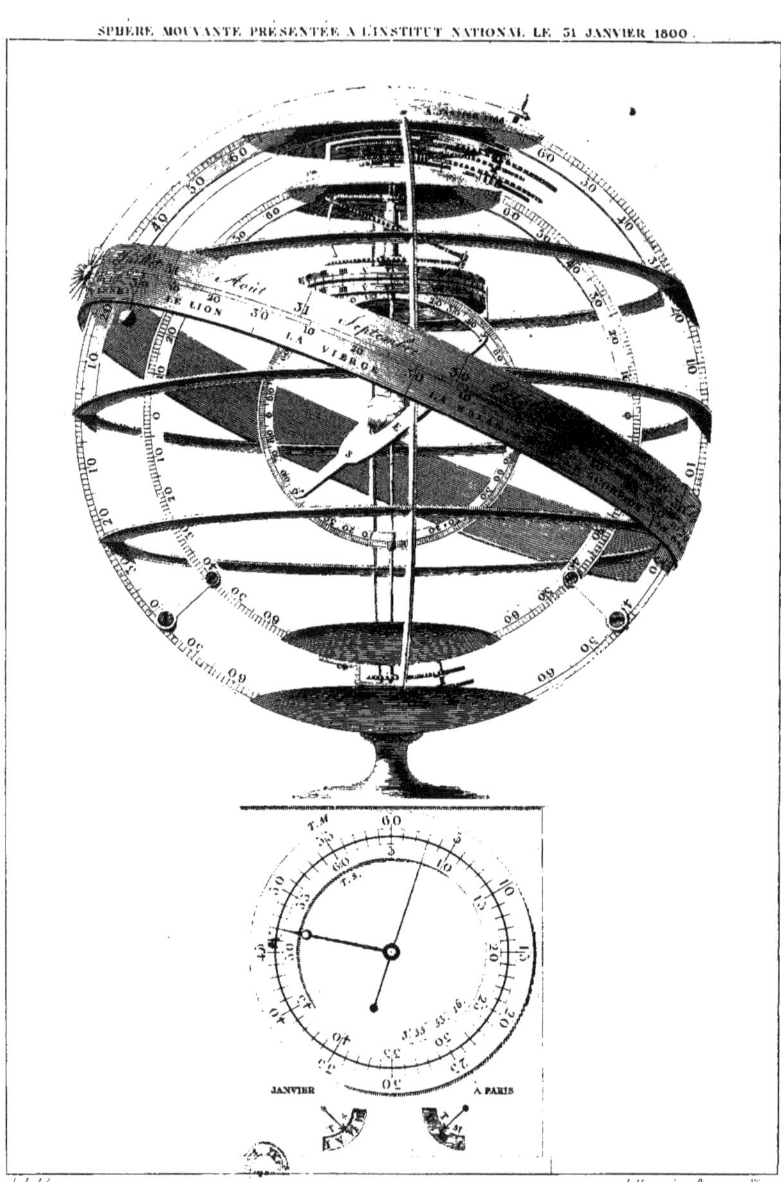

DES RÉVOLUTIONS
DES
CORPS CÉLESTES
PAR
LE MÉCANISME DES ROUAGES.

PAR ANTIDE JANVIER.

Totum amplectitur orbem.

PARIS.
IMPRIMERIE DE P. DIDOT L'AINÉ.
M. DCCCXII.

A MON AMI
L. M. WAILLE.

PROPE ET LONGE.

Ceux qui veulent accroître leur réputation dédient leurs ouvrages aux Savans ; pour moi, qui n'ai d'autre ambition que celle de satisfaire mon cœur, je vous consacre ce livre comme un témoignage public de l'amitié constante et sans nuages qui nous unit depuis cinquante ans.

« Tendre amitié, don du ciel, beauté pure,
« Porte un jour doux dans ma retraite obscure ;
« Puissé-je vivre et mourir dans tes bras,
« Loin du méchant qui ne te connaît pas,
« Loin du bigot dont la peur dangereuse
« Corrompt la vie et rend la mort affreuse !

Et vous, cher Waille,

« Vous dont le tendre caractère
« Sait unir, par d'aimables nœuds,
« A l'avantage d'être heureux
« Le plaisir délicat d'en faire, »

puissiez-vous, dans la pratique de cette charité qui est la perfection de la loi, faire long-tems encore le bonheur des fidèles confiés à votre ministère, et, DE LOIN COMME DE PRÈS, ne jamais oublier votre ami

A. JANVIER.

A Paris, le 1er juillet 1812.

AVERTISSEMENT.

Tu regere imperio populos, Romane, memento
VIRG., l. VI, vers 851.

PUBLIER en français, c'est-à-dire dans la langue de toute l'Europe, la description du Planétaire de CHRISTIAN HUYGHENS, c'est d'abord servir les arts, en mettant à la portée d'un plus grand nombre de lecteurs l'ouvrage d'un des plus beaux génies du dix-septième siècle; c'est encore rendre hommage au Ministre éclairé qui le protégea (1), au Prince généreux qui le combla de bienfaits, et à l'Académie qui l'honora de ses suffrages, et le reçut dans son sein.

Me pardonnera-t-on d'avoir osé accoler mes faibles productions à celles de ce grand homme? Entraîné par un penchant irrésistible, depuis long-tems je m'occupe de l'astronomie mécanique (2), mais quelques ouvrages approuvés par les savans, accueillis par les Souverains, et recherchés par les amateurs, sont-ils des titres suffisans pour associer mon nom à celui d'HUYGHENS? C'est à la justice distributive à résoudre ces questions. Je me présente avec la puissante recommandation de ce nom célèbre, sous la seule sauvegarde de la bienveillance publique, comme un faible roseau battu par la tempête, qui cherche à s'abriter à l'ombre tutélaire du chêne vigoureux.

Je n'ai rien négligé pour la perfection des planches qui accompagnent ce volume : j'avais même formé le projet d'exécuter le Planétaire d'*Huyghens* pour le faire graver d'après ce modèle; mais des embarras multipliés s'y sont opposés, et j'ai pris le parti de le dessiner moi-même, avec quelques développemens qui en faciliteront l'intelligence. Dans ce travail ingrat je dois tout à mon graveur (3), pour l'exactitude des figures et la beauté de l'exécution.

La description de cette machine est la traduction littérale du texte latin publié par deux hommes célèbres, *Burcher de Volder* et *Bernhard Fullen*.

Quant à ma propre diction, je sais très bien qu'elle ne peut être concise et correcte; je n'eus jamais ni talent ni mission pour écrire; je trace mes feuilles à peu près comme j'explique ma pensée à mes élèves et collaborateurs : en conséquence je prie tout Lecteur bénévole de se rappeler que j'ai vieilli dans l'étude et l'exercice de mon art, et que vers le soir de la vie je n'ai pas eu la folle prétention de passer pour homme de lettres.

Je me propose seulement d'être utile aux artistes qui me font l'honneur de croire que l'on peut encore apprendre quelque chose à mon ÉCOLE; aux amateurs distingués par la pureté de leur goût, l'étendue de leurs connaissances et l'emploi de leur fortune: enfin, et pourquoi hésiterais-je à l'avouer? un motif plus puissant encore me détermine et me guide. Je paie mon tribut à la Patrie en publiant des machines dont il peut revenir quelque utilité pour l'instruction de l'ENFANT-ROI, vers lequel se dirigent les cœurs de tous les Français (4).

Si mon espérance était déçue, si, dans un avenir dont la perspective m'attriste, l'on confiait à d'autres mains l'exécution de mes plans, alors, certain de trouver encore une douce récompense dans la conscience intime de mon devoir, je ne me plaindrai pas d'un OUBLI.

NOTES.

(1) *C'est encore rendre hommage au Ministre éclairé qui le protégea*, etc.

« Lorsque Louis XIV voulut fonder une Académie des sciences dans sa capitale, le grand Colbert était en France le Mécène des savans et des gens de lettres : on appelait de toutes parts les hommes éclairés ; Huyghens fut du nombre. Il eût peut-être terminé sa carrière à Paris, sans la révocation de l'édit de Nantes ; mais il ne put se résoudre à vivre plus long-tems dans un pays où sa religion allait être proscrite et ses frères persécutés : il prévint l'édit fatal, en se retirant dans sa patrie, et mourut à la Haye le 5 juin 1695. »

(2) *Depuis long-tems je m'occupe de l'astronomie mécanique*, etc.

En 1768 je présentai mon premier travail en ce genre à l'Académie de Besançon. Voici l'extrait de ses registres :

« Le sieur Antide Janvier de Saint-Claude ayant présenté à l'Académie
« une Sphère où il a exécuté par des mouvemens un système d'astronomie,
« cette Compagnie a cru qu'on ne pouvait donner trop d'éloges et d'encoura-
« gemens à un jeune homme de dix-sept ans dont l'industrie ferait honneur à
« un mécanicien consommé : elle a regardé comme un acte de justice de lui
« accorder le présent certificat.

« Donné au palais de Grandvelle, à Besançon, le 24 mai 1768.

« *Signé* Droz, secrétaire perpétuel. »

C'est la même machine que j'ai corrigée depuis, et présentée à l'Institut de France le 31 janvier 1800, telle qu'on la voit au frontispice de ce livre ; la même que j'ai vendue à M. de Rougemont, et que M. Breguet s'est appropriée en effaçant mon nom pour y substituer le sien et celui de son fils. Je le répète à regret (*a*) ; mais quand on attaque un artiste dans les sources de son existence, quand on *neutralise* sa réputation par de semblables procédés, la défense est de droit naturel.

(*a*) *Voyez* le Journal de Paris du 25 Janvier 1812. Bulletin de Commerce, n° 11.

Si l'on peut impunément braver l'opinion publique en *riflant* mon nom sur mes ouvrages pour en faire trafic à Constantinople, Saint-Pétersbourg ou Londres, on ne parviendra pas de même à falsifier le registre de l'Institut; et cette seule pensée qu'il y restera du moins une trace de mon passage sur la terre aurait dû retenir mon indignation....

Jeunes artistes, qui sentez en vous-mêmes le feu brûlant du génie; et toi, respectable citoyen que les tems ont blanchi (*b*), si quelques idées neuves germent dans vos têtes, si vous les mettez en pratique, gardez-vous bien de tomber dans les mains de M. Breguet; vos modèles (*c*), vos pensées même ne vous appartiendraient plus.

(3) *Je dois tout à mon graveur,* etc.

M. Leblanc, élève du Conservatoire des arts et métiers, artiste recommandable pour la facilité, les soins extrêmes et une complaisance que l'on ne rencontre pas toujours chez ses confrères.

(4) *Vers lequel se dirigent les cœurs de tous les Français.*

C'était l'usage à l'ancienne Cour de former un cabinet de physique pour les enfants de France. Dans les premières années qui suivirent l'époque où je vins résider à Paris par l'ordre et pour le service du Roi (octobre 1784), M. Grenet, professeur de philosophie, construisit et présenta diverses machines *géocycliques*, qui furent adoptées pour l'éducation du Dauphin.

De semblables souvenirs, je le confesse, ont eu quelque influence sur l'espèce de présomption dont on pourra m'accuser en lisant l'article auquel se rapporte cette note.

(*b*) M. F. Houriet du Locle. Il honore également sa patrie et son art; ses concitoyens le chérissent comme un père; ils ambitionnent son suffrage comme un titre de gloire.

(*c*) Modèle d'un balancier d'essai pour l'isochronisme du spiral, imaginé par M. F. Houriet.

EXTRAIT

DE LA PRÉFACE DES OEUVRES POSTHUMES D'HUYGHENS.

Nous n'avons jamais pu trouver la description entière de l'*Automate planétaire* que l'auteur fit exécuter en 1682, comme le porte la date gravée sur cette machine; ce qui donne ici lieu à quelques observations.

La première, que les mots de la page 438 (8 et 9 de la traduction), où il dit combien chaque planète doit être avancée, dans l'espace de vingt ans, pour répondre à l'état véritable du ciel, ont été effacés par l'auteur, et remplacés par ceux-ci : *Pour que dans vingt ans il ne puisse y avoir d'erreur sensible; mais après un plus grand nombre d'années, s'il en est besoin, on pourra la corriger de la manière que nous l'enseignerons en son lieu.* L'auteur a regardé cette erreur que la machine pouvait produire dans l'espace de vingt ans comme assez considérable pour la faire graver sur la machine même.

Pl. II, fig. 5. La seconde, que les rapports de la Terre avec la Lune ne sont pas tels que les présente la machine, comme il nous a paru par l'inspection de son intérieur; car dans le Planétaire l'anneau AB, a, non dans sa circonférence intérieure, comme le porte la description, mais dans sa circonférence extérieure, 137 dents. Il n'est pas plus grand que l'orbite annuelle de la Terre, mais moindre; il n'est pas placé entre les orbites de Mars et de la Terre, mais entre celles de la Terrre et de Vénus, etc.

Cette description ne parle pas de Mercure : nous avons été obligés, pour en connaître les rapports et les joindre ici, de les puiser tant dans la machine même que dans les papiers épars de l'auteur. Nous avons fait la même chose pour la cause de l'inégalité du mouvement, etc.

Nous n'avons aucun doute que si l'auteur eût pu mettre la dernière main à ces opuscules, ils n'eussent été plus parfaits, et plus exacts dans toutes leurs parties; mais nous avons fait ce que nous avons pu : nous nous sommes attachés à rendre le sens de l'auteur; si nous y sommes parvenus, nous n'avons qu'à nous féliciter; mais s'il nous est échappé quelque faute, le lecteur, qui sait combien il est difficile et ennuyeux de scruter dans l'ame d'autrui, voudra bien nous les pardonner.

DES RÉVOLUTIONS
DES CORPS CÉLESTES
PAR LE MÉCANISME DES ROUAGES.

PREMIERE PARTIE.

Description du Planétaire automate de Christian Huyghens (1).

Depuis vingt siècles, des hommes de génie se sont occupés de la recherche du mouvement des cieux. Cette science me paraît avoir été portée de nos jours à sa perfection; mais c'est surtout depuis cent ans qu'elle a fait plus de progrès que dans tous les siècles passés. On s'était alors principalement appliqué à déterminer le lieu des étoiles et des planètes, à fixer la durée de l'année et des mois, à prédire les éclipses. Nous possédons aujourd'hui non seulement toutes ces connaissances, mais nous savons avec une entière certitude l'ordre, la position, la proportion, la figure des corps célestes et des orbites que les planètes et la Terre décrivent autour du Soleil. Nous avons ajouté, par le moyen du télescope, une quantité innombrable d'étoiles fixes, et de nouvelles planètes au nombre de celles qui étaient précédemment connues. Tous

Pages de l'auteur. 431.

(1) *Christiani Hugenii opuscula posthuma.* Lugd. Batav. apud Cornel. Boutesteyn, 1703, pag. 431.

ces objets, avant le siècle de Copernic, et quelques uns avant le nôtre, étaient encore plongés dans de profondes ténèbres. Lorsqu'on pense à tout ce qui manquait aux anciens astronomes dans leur art; qu'ils ne connaissaient ni l'ensemble du système du monde, ni chacune de ses parties, on n'est point étonné qu'ils n'aient pas pu en former la représentation artificielle. Quelque estime que fassent les savans de la sphère d'Archimède, de celle de Possidonius dont parle
p. 432. Cicéron, il est certain qu'elles n'ont pu avoir aucune ressemblance avec le système céleste, ni imiter le mouvement des astres, quoique conçues par le génie, et exécutées avec le plus grand soin. Mais depuis la réforme et la restauration de l'astronomie, on a pu faire des tentatives plus heureuses: c'est aussi ce qu'ont entrepris et exécuté plusieurs savans dont nous connaissons quelques machines, diversement construites. En suivant une route différente de ceux-là, nous avons fait exécuter un automate dans lequel, au moyen d'un petit nombre de roues allant d'un mouvement continu, nous avons représenté sur une surface plane le cours des cinq planètes principales autour du Soleil, celui de la Lune autour de la Terre, la durée de leurs révolutions, l'excentricité de leurs orbites, leurs dimensions, et leur position véritable; l'inégalité du mouvement de chacune d'elles, selon qu'elles sont plus près ou plus loin du Soleil; nous avons même exprimé la légère déclinaison qui les fait écarter du plan de l'orbite de la Terre ou de l'écliptique. Outre l'aspect élégant qu'offre cette machine, on y voit, non seulement l'état présent des planètes, mais, comme dans un calendrier perpétuel, on y trouve celui qui doit venir, ainsi que celui qui est passé. On y remarque les conjonctions, les oppositions de toutes, soit avec le Soleil, soit entre elles, et cela avec d'autant plus d'exactitude que la machine est plus en grand.

Comme beaucoup de personnes l'ont recherchée, et ont desiré la connaître ou l'imiter, nous allons en donner ici la description. Nous commencerons par la construction de l'enveloppe extérieure qui renferme tout l'ouvrage.

C'est une boîte octogone de bois, de deux pieds de diamètre et six pouces de profondeur. On l'attache contre le mur par le moyen des gonds fixés sur son côté gauche, sur lesquels P. 433.
la machine peut tourner, s'ouvrir, et présenter dans sa face postérieure tout le mécanisme qu'elle renferme. Sur la face antérieure on voit une platine de cuivre dorée, qui l'occupe tout entière; elle est couverte d'une glace transparente; les orbites des planètes y sont tracées selon le système de Copernic et les lois de Képler, et coupées jusque dans l'intérieur : de sorte que des petites broches qui se meuvent dans ces rainures et traversent la platine, portent des demi-globes qui représentent les planètes, et exécutent leurs mouvemens sur sa surface. Saturne emmène avec lui cinq satellites, Jupiter quatre, et la Terre son seul satellite, qui est notre Lune. Ces satellites sont placés sur les mêmes orbites que leur planète. J'ai aussi ajouté de pareilles orbites aux autres planètes qui n'ont point de satellites, pour représenter leur atmosphère, et les rendre plus visibles (1). Toutes les planètes Pl. 1, fig. 1.
principales, comme sont, outre celles dont nous venons de parler, Mars, Vénus, Mercure, exécutent leur mouvement continu autour du Soleil immobile avec tant de précision

---

(1) Les satellites de Jupiter et de Saturne ne font point leurs révolutions par le moyen d'un rouage ; leurs orbites sont tracées sur un petit plateau circulaire, au milieu duquel est placée la planète principale. Ainsi ce passage: *Nam et cæteris planetis qui comites nullos habent, ejusmodi tamen orbiculos addidi*, etc. signifie seulement l'addition d'un plateau plus petit sur lequel serait figurée la planète, et non point de semblables orbites, etc.

qu'elles suivent non seulement leur tems périodique, mais jusqu'aux irrégularités de leurs révolutions. La Lune fait chaque mois une révolution autour de la Terre. Il n'a pas été possible de représenter de même les révolutions des satellites de Saturne et de Jupiter, tant à cause de la petitesse de la machine, que pour ne pas trop compliquer l'ouvrage : de sorte qu'ils sont tous attachés aux petites orbites dont la planète principale occupe le centre.

Toutes les orbites des planètes sont renfermées dans le cercle de l'écliptique, divisé en ses 12 signes et en 360 degrés. Par cette disposition, il est très facile d'observer les lieux apparens de ces astres. Car si l'on veut connaître la longitude d'une planète, il suffit de tendre un fil de la Terre à cette planète : du centre du Soleil, qui est immobile, on tend un
P. 454. autre fil parallèle au premier jusqu'aux divisions de l'écliptique, où il montre la longitude de la planète. On peut trouver la même chose par le moyen d'un parallélograme formé avec deux baguettes d'égale longueur, aux bouts desquelles sont attachés deux fils égaux, sans ouvrir la glace qui sert de couvercle à la machine. On ne fait que poser dessus le parallélograme, qu'on ajuste de telle manière que l'un des fils passe sur la Terre et le centre de la planète, et l'autre sur le Soleil, lequel indiquera en même tems, sur le cercle de l'écliptique, la longitude de la planète. Nous parlerons dans la suite de la manière de connaître la latitude, quand nous aurons fait la description des cercles destinés à cet usage.

Dans la partie inférieure de la platine sont deux ouvertures peu distantes l'une de l'autre, entre les orbites de Saturne et de Jupiter : elles ont deux pouces de long, six lignes de large. Dans l'ouverture supérieure on voit le quantième du mois;

dans l'autre l'année courante. Ils tournent, comme le reste, en vertu du mouvement de la machine avec leurs cercles respectifs, dont l'un est divisé en 365 parties égales (1), qui représentent les jours, et l'autre en 300 années. Le mouvement Pl. II, fig. 4.
est imprimé à toute la machine par une horloge renfermée dans l'intérieur, et qui marque les heures et les minutes par une ouverture demi-circulaire pratiquée dans la partie supérieure entre les orbites de Jupiter et de Mars. Chaque heure, passant successivement, indique en même tems les minutes par son passage.

On peut aussi faire mouvoir toute la machine avec la main, lorsqu'on veut en peu de tems faire remarquer le cours des planètes, ou montrer quelle sera leur position respective dans un tems à venir, ou ce qu'elle a été dans un tems déja passé. Pour cela on adapte au côté droit de la machine une manivelle, qui par chaque tour représente le mouvement annuel de toutes les planètes, et qui, par une révolution en sens P. 435.
contraire, rétrograde d'autant vers les années précédentes; de telle manière qu'on peut, en rétrogradant, voir quelle a été la position du ciel pendant cent ans, et représenter aussi, par un mouvement contraire, ce qu'elle sera pendant deux cents ans. On ramène avec la même facilité, et par quelques tours de manivelle, le jour et l'année courante au milieu desdites ouvertures. Après cette opération, on ôte la manivelle, pour rendre la machine au mouvement régulier que lui imprime l'horloge.

---

(1) Le cercle des jours, comme on le verra, a 219 dents, et sa motrice 73; il fait par conséquent une seule révolution en trois années, et doit être divisé en 1095 parties, et non pas en 365.

Mais pour saisir plus facilement cette exposition, voici la forme extérieure de la machine.

Explication de la figure 1, *planche I.*

V V. L'écliptique divisé en ses 12 signes et en 360 degrés.
B. Le Soleil.
C. L'orbite de Mercure.
D. Mercure.
E. L'orbite de Vénus.
F. Vénus.
G. L'orbite de la Terre.
H. La Terre avec la Lune qui tourne autour d'elle.
I. L'orbite de Mars.
K. Mars.
L. L'orbite de Jupiter.
M. Jupiter avec ses quatre satellites.
N. L'orbite de Saturne.
O. Saturne avec ses cinq satellites.
A A. Les lieux de l'apogée dans chaque planète.
☊ ☋. Marquent les nœuds dans chaque planète, le premier ascendant, le second descendant.
P. 436. P P. Sont les cercles de latitude dans chaque planète.
Q. Marque le mois de l'année et le jour du mois.
R. Marque l'année courante de l'ère chrétienne.
S. Marque les heures et les minutes.

La figure 2 présente la véritable proportion de la grandeur du disque du Soleil avec ceux de toutes les autres planètes, en prenant pour le demi-diamètre solaire la ligne AB, fig. 3 (1).

---

(1) Il n'étoit pas possible de donner exactement les proportions des diamètres des planètes sur les dimensions de la figure 2 du livre d'Huyghens :

Au reste, il n'était pas possible d'exécuter les corps du Soleil et des planètes dans ces proportions; ils eussent été imperceptibles à la vue, à cause de leur petitesse. Voilà pourquoi nous avons fait graver à part cette figure, pour donner une idée de leur véritable dimension relative soit entre eux, soit avec le Soleil. Elle a été établie d'après la comparaison de leurs distances et de leurs diamètres observés au télescope, comme nous l'avons expliqué dans ce que nous avons écrit autrefois des formes merveilleuses de Saturne. Les corps des planètes sont beaucoup plus petits, relativement au Soleil, que ne l'ont dit les astronomes qui nous ont précédés. Il n'est pas étonnant que les anciens, qui ne connaissaient point le rapport des orbites entre elles, qui ne mesuraient les diamètres qu'à la simple vue, et sans beaucoup de soin, soient tombés dans de très grandes erreurs. Pour les modernes, qui ont écrit depuis l'invention du télescope, leurs mesures sont peu différentes des nôtres, et nous ne craignons pas d'assurer qu'elles sont plus vraies, ayant observé les astres avec de plus grands télescopes, et mesuré leurs P. 437.
diamètres avec plus de soin et de certitude. Ainsi la proportion qu'on voit ici exprimée entre le Soleil et les autres planètes est certaine, ou du moins très peu différente de la véritable. Celle de la Terre est un peu moins exacte, et nous l'avons ainsi déterminée. Comme elle tient le milieu entre Mars et Vénus, nous l'avons supposée d'une grandeur moyenne entre elles. Par là la distance du Soleil est de 12,000 diamètres de la Terre, et son diamètre est à celui du Soleil comme 1 est

---

dans cette figure le diamètre du Soleil est de 46 lignes. Nous lui en avons donné environ 240, ce qui fait 2l.,15 pour le diamètre de la Terre, environ 2 pouces pour le diamètre de Jupiter, etc. et tout au plus une demi-ligne pour celui de notre Lune.

à 110. Ces dimensions se trouvent pleinement confirmées par la savante observation des parallaxes, faite dans la suite par de grands astronomes, qui ont soumis au calcul la distance périgée de Vénus.

Pl. II, fig. 3. Pour connaître le mécanisme qui imprime le mouvement à la machine, il faut la retourner, et en examiner l'intérieur. Après avoir levé le couvercle qui la ferme de ce côté, on voit une platine de cuivre, qui remplit toute la boîte octogone, semblable à celle qui couvre la face antérieure : elle est distante de celle-ci d'un pouce, et retenue par plusieurs piliers. On aperçoit un axe de fer de deux pieds de long qui la traverse, et garni d'autant de roues qu'il y a de planètes, lesquelles y sont fixées au moyen d'un canon et d'une vis. Les dents de ces roues engrennent dans les dents d'autres roues plus grandes, portant chacune leur planète, et se mouvant entre les deux platines. Sur le même axe commun est aussi adaptée une autre roue, destinée à faire tourner le cercle des jours et des mois. Il y a encore une portion de vis sans fin qui fait tourner le cercle de 300 ans, lequel fait un tour dans l'espace de ce nombre d'années, au moyen d'un petit axe qui porte deux roues dentées.

L'axe de fer, avec tous ses accessoires, est bien parallèle à l'horizon, mais non à la grande platine que nous venons de
P. 438. voir ; il s'en éloigne beaucoup plus à son extrémité, qui est à droite du spectateur; ce qu'il a fallu faire pour que le même axe, dans sa révolution, pût servir plus commodément aux divers mouvemens de toutes les planètes.

Les nombres des dents ont été trouvés par le calcul que nous exposerons ci-après. Ils conviennent si exactement aux mouvemens moyens des planètes, que dans vingt ans Saturne n'avancerait que de 1 minute 34 secondes, Jupiter 1 minute 9 secondes, Mars 24 minutes, Vénus 3 degrés 37 minutes,

Mercure 7 minutes 47 secondes, la Lune 1 degré 31 minutes. Mais nous n'avons pas seulement exprimé les mouvemens moyens, nous avons rendu jusqu'aux irrégularités dans le cours des planètes, selon les anomalies reconnues par Képler, et qui jouissent d'une grande autorité parmi les astronomes. Nous dirons en son lieu par quel moyen nous avons rendu ces irrégularités.

On voit aussi en cette partie, un peu au dessus de l'axe, une horloge attachée à la platine. Cette horloge fait faire au grand axe les révolutions annuelles qui communiquent à tout le reste un mouvement continu ; car le mouvement passe de l'horloge à la roue fixée sur l'axe, et qui conduit le cercle des jours et des mois, comme on le voit plus clairement dans la figure. Il est inutile de décrire l'intérieur de l'horloge, que tout le monde connaît. Son moteur est un ressort roulé sur lui-même en spirale. Nous avons régularisé le mouvement par le moyen d'un autre ressort S adapté au balancier, et que nous avons imaginé après l'application du pendule. Il n'a pas la même égalité, à cause du froid et de la chaleur qui augmentent ou diminuent l'élasticité du ressort ; mais il convient mieux ici (1). On remonte le ressort moteur tous les sept jours.

Explication de la figure 3, *planche II.*

AA. Sont des vis qui fixent la platine contre le bout des piliers P. 439.
désignés par les lettres TT, figure 4.

---

(1) Il est certain que le pendule eût été incommode, et que la machine se serait arrêtée en la retournant pour en voir l'intérieur ; au lieu qu'avec un balancier on peut la poser sur une table sans interrompre la marche de l'horloge.

CB. Axe de fer de deux pieds de long (1).

D. Roue de 121 dents qui fait mouvoir les roues de Mercure.

E. Roue de Vénus, de 52 dents.

F. Roue de la Terre, de 60 dents.

G. Roue de Mars, de 84 dents.

H. Roue de Jupiter, de 14 dents.

K. Roue de Saturne, de 7 dents.

L. Roue de 73 dents qui fait mouvoir le cercle des mois et des jours.

M. Portion de vis sans fin qui produit une révolution de 300 ans, au moyen de deux petites roues portées sur un axe commun désigné par E, figure 6, et qui ont le même nombre de dents; l'une engrène dans la vis sans fin, et l'autre, intérieurement, dans la roue de 300 ans.

N. L'horloge.

V. Roue par laquelle l'horloge communique le mouvement à l'axe CB.

P. Sont 4 dents à l'extrémité de l'axe de la roue V.

O. Roue qui est mue par les dents P : elle a 45 dents.

Q. Pignon de l'axe de la roue O. Il a 9 dents, et fait mouvoir la roue L, et par elle l'axe.

R. Pont fixé sur la grande platine, et dans lequel roule un des pivots du petit axe E, figure 6.

---

(1) La figure 1 représente cet axe tel qu'il serait vu si les deux platines étaient élevées perpendiculairement sur la planche, et présentaient le profil de la machine par le haut. Les mêmes lettres désignent les roues fixées sur l'axe commun, et celles dans lesquelles elles engrènent, dans l'intérieur de la cage formée par les platines vv, zz. Les lignes ponctuées abaissées sur cette figure suffisent pour son intelligence, et pour l'indication des parties correspondantes dans la figure 4.

L'axe de deux pieds CB est éloigné de deux pouces de la platine du côté de C.

Les roues fixées sur cet axe font mouvoir les cercles des planètes; savoir, D celui de Mercure, E celui de Vénus, F celui de la Terre, G celui de Mars, H celui de Jupiter, K celui de Saturne. L fait mouvoir le cercle des jours et des mois. Enfin la révolution de la vis M fait tourner le cercle de 300 ans, au moyen de deux petites roues fixées sur un axe commun, figure 6, et ayant chacune six dents (1). L'une de ces roues engrène dans la vis sans fin, et l'autre dans la grande roue des années.

L'axe CB, par ses révolutions annuelles (car la roue L et la vis sans fin sont fixées sur lui), produit donc seul tant de mouvemens divers. Or, voici comment cet axe est mis en mouvement : Il y a dans l'horloge une roue V dont on ne voit ici qu'une partie; elle fait chacune de ses révolutions en 96 heures : à l'extrémité P de l'axe de cette roue sont 4 dents qui engrènent dans la roue O, qui en a 45, dont l'axe porte un pignon Q de 9 dents qui engrènent dans la roue L, qui en a 73.

Il faut maintenant montrer les roues qui sont placées entre les deux platines, pour faire concevoir sur quel principe elles sont construites, et quel effet elles produisent.

Explication de la figure 4, planche II. P. 441.

A. Roue de Saturne : 206 dents.
B. Petit bras qui porte Saturne.
C. Roue sur laquelle sont inscrits 300 ans, afin que dans une

(1) Nous pensons que la marche ne serait pas assez uniforme avec d'aussi petites roues, et qu'il faudrait leur donner au moins 12 dents.

révolution elle marque l'année qui convient à cet espace de tems : 300 dents. (Elle se meut à l'aide d'une vis sans fin, désignée par M, figure 3, planche 2, et d'un petit axe E, figure 6, portant deux roues dentées.)

D. Roue qui par sa révolution indique le mois et le jour du mois : 219 dents (1).

F. Roue qui conduit Jupiter attaché au petit bras G : 166 dents.

H. Roue de Mars, avec son petit bras : 158 dents.

I. Roue de la Terre avec la Lune : 60 dents.

K. Cercle denté attaché à la platine antérieure de la machine, et qui, pendant que la roue de la Terre fait sa révolution, fait mouvoir les petites roues auxquelles la Terre et la Lune sont attachées : 137 dents (2).

L. Roue de Vénus : 32 dents.

M. Roue de Mercure : 17 dents.

N. Axe immobile qui porte le Soleil à l'une de ses extrémités de l'autre côté de la platine.

O. Petit axe de Mercure, tenant d'un côté à l'axe du Soleil, de l'autre au pilier P fixé sur le cercle immobile de la Terre K. Cet axe a deux pignons, dont l'un de 7 dents fait tourner la roue de Mercure, et l'autre Q de 12 dents : il est assez élevé sur le plan de cette figure pour que les roues de Vénus et de Mercure puissent se mouvoir sous lui (3).

---

(1) Le cercle est divisé en 1095 parties égales au nombre de jours que renferment trois années, durée de la révolution de cette roue. *Voyez* p. 5.

(2) Ce cercle est supprimé dans la figure 4, pour éviter la confusion des pièces. Mais la figure 5 présente cette construction sur une plus grande échelle, et sous deux points de vue qui la rendent plus facile à saisir.

(3) Cette disposition est représentée figure 2 de la même grandeur qu'elle

S. Ouverture sous laquelle passe le cercle qui montre les heures. P. 442.

TTTT, désignent les piliers qui unissent ensemble les platines entre lesquelles est contenue toute cette mécanique.

ab. Anneau plan qui fait mouvoir la planète.

cd. Bande circulaire dentée.

ee. Ponts qui assujétissent l'anneau dans sa circonférence.

lm. Petit bras qui porte la planète.

Chaque planète a un anneau plan destiné à son orbite, au bord duquel est attachée à angles droits une bande circulaire dentée, également distante partout de la circonférence de l'anneau. Cet anneau, appliqué intérieurement sur la platine octogone, porte avec lui le demi-globe qui représente la planète, lequel y est fixé par une petite broche qui passe à travers la platine antérieure, et le rend un peu saillant sur sa surface. Dans la circonférence de cet anneau sont placés et attachés à la platine quelques *ponts* (1), entre lesquels ils se meuvent circulairement, et sont contenus de manière à ne pouvoir s'écarter de ladite platine. On en a mis cinq ou six pour les planètes supérieures, Saturne et Jupiter, à cause de la grandeur de leurs anneaux; trois ou quatre suffisent pour les autres.

Dans la figure, l'anneau plan est *a b*, la bande circulaire dentée et élevée perpendiculairement sur l'anneau est *c d*,

---

a été exécutée dans le Planétaire d'Huyghens; elle est vue de profil, à l'exception du cercle immobile de la Terre, désigné par les lettres A B, fig. 5.

(1) Le terme latin employé par l'auteur est *Repagula*, que nous ne pouvons traduire par une autre expression technique pour désigner véritablement la fonction des pièces auxquelles se rapporte ce terme.

les ponts qui contiennent l'anneau dans son pourtour *e e*. Chacun de ces ajustemens consiste en deux parties : l'inférieure, le long de laquelle glisse le bord extérieur de l'anneau, est fixée sur la platine du Planétaire; la supérieure, qui est posée sur celle-ci, assemblée avec des vis, s'avance un peu sur les bords de l'anneau, pour l'empêcher de se déplacer, comme on le voit dans la figure (1).

P. 443. Toutes les planètes sont portées par des anneaux de cette espèce, et parcourent des orbites circulaires. Si l'on eût voulu des orbites elliptiques, on y fût parvenu sans peine, en attachant la planète, non sur son anneau *ab*, mais sur le bras *lm* qui y est attaché, qui se meut sur le petit axe M, et porte la planète ajustée sur un petit canon en L. Il faut pratiquer en cet endroit de l'anneau une ouverture un peu grande; par là on fera mouvoir facilement la planète dans une rainure elliptique. Mais comme les ellipses sont peu différentes des cercles, nous n'avons pas cru devoir les employer. Nous nous sommes servi de ce moyen pour faire glisser plus facilement Saturne et Jupiter dans les rainures étroites de la platine. Le cercle qui porte les divisions des jours est entièrement semblable à ceux de ces planètes. Celui des années est le seul dont l'anneau soit denté à sa circonférence. Nous avons déja dit comment le mouvement lui était communiqué. On a placé les anneaux des jours et des années entre ceux qui conduisent

(1) Les éditeurs avouent dans leur préface qu'ils n'ont jamais pu trouver la description entière, et il est probable qu'ils ont défiguré ce passage. Huyghens n'a sûrement pas voulu désigner les deux platines de la machine, mais seulement les deux portions de la platine supérieure, qui, pour chaque anneau, forment l'une l'assemblage de l'anneau sur la platine avec ses ponts, et l'autre le recouvrement. C'est là notre opinion, et nous aimons mieux y renoncer que de dénaturer le texte.

les planètes de Saturne et de Jupiter. C'est pour cela qu'on a pratiqué dans la platine antérieure les ouvertures par lesquelles on voit ces divisions entre les orbites de ces planètes.

Nous allons montrer comment on a ordonné le mouvement Pl. II, fig. 5.
menstruel de la Lune. Dans le segment de la platine planétaire, qui est entre les orbites de Mars et de la Terre, on a fixé un anneau dont la circonférence intérieure a 137 dents; il est désigné par les lettres AB. Cette circonférence dentée est un peu plus grande que l'orbite annuelle de la Terre, et l'anneau AB s'élève un peu au dessus du plan sur lequel il est fixé, pour placer dessous les ponts entre lesquels se meut l'anneau qui porte la Terre, désigné par les lettres CD. Or, comme cet anneau entraîne un petit axe placé à angles droits, et porte à ses extrémités deux petites roues EF, dont l'inférieure a 12 dents engrénées dans les dents de l'anneau AB, et la supérieure 13, les dents de la roue supérieure engrènent dans P. 444.
les 12 dents de la roue G placée à côté, qui a aussi un axe fixé à l'anneau CD. Cet axe a une cavité qui s'ouvre vers la partie antérieure de la platine, et dans laquelle s'adapte une broche fine qui porte un petit globe lunaire (1). Au reste, nous n'avons pas cru devoir représenter ni le pont attaché à l'anneau CD, et dans lequel entrent et sont retenus par le haut les deux petits axes dont nous avons parlé, ni le cercle denté, pour que rien n'empêchât de voir les deux roues EF.

L'anneau terrestre CD faisant donc sa révolution dans l'ordre des lettres AEB, laquelle, dans la face antérieure, se fait selon l'ordre des signes du zodiaque, les roues E et F sont forcées de tourner dans un sens contraire, et la roue G

---

(1) Au lieu de percer l'axe, il serait plus simple de prolonger le pivot au dessus de la platine, et d'y adapter le globe de la Terre T et l'orbite de la Lune L, comme le représente le profil de cette figure.

de suivre un mouvement opposé à celles-ci, c'est-à-dire de tourner dans le sens de l'anneau terrestre. Mais nous avons dit que dans la cavité de l'axe de la petite roue G était une broche portant une petite orbite ayant la Lune à sa circonférence et la Terre à son centre : le cours de la Lune est donc bien ordonné. Nous verrons plus bas avec quelle justesse il s'accorde avec la révolution du mois périodique.

Après avoir décrit jusqu'ici toutes les parties de la machine en particulier, nous allons exposer les proportions des demi-diamètres entre eux, les centres d'après lesquels nous avons tracé les orbites des planètes sur la face antérieure, les points des aphélies et des nœuds; ensuite le nombre de dents que nous avons donné à chaque roue, pour représenter les mouvemens moyens, la manière dont nous avons trouvé ces nombres, enfin la construction des dents propres à représenter les anomalies des mouvemens.

Nous avons donné à la platine octogone une grandeur telle que la perpendiculaire menée du centre sur le côté ait 11 pouces $\frac{1}{2}$. Du même centre où doit être placé le Soleil, et avec un rayon de 10 pouces $\frac{2}{3}$, nous avons tracé le cercle de
P. 445. l'écliptique. Nous avons divisé ce cercle en 360 parties, et mis les douze signes à leur place, mettant le Bélier à la droite du spectateur, et à la même hauteur que le centre.

Le centre, de quelque côté de chaque orbite planétaire qu'on le prenne, montre les lieux des aphélies. Par le rapport des demi-diamètres, on en connaît la mesure si on en a déterminé une, qui est le demi-diamètre de l'orbite de la Terre, que nous avons fixé à 1 pouce, ou à la douzième partie du pied de Hollande. Il est censé contenir 100,000 parties, et sert de mesure aux rayons des autres orbites. On a marqué aussi les excentricités en ces mêmes parties, qu'il faut prendre du centre de l'écliptique où est le Soleil vers les aphélies, et y noter les centres de chaque orbite.

Ainsi, par exemple, pour tracer l'orbite de Saturne au commencement de l'an 1682, nous menons du centre de l'écliptique une ligne au 27° 40′ du Sagittaire. Nous y plaçons du même centre 54 des parties dont le demi-diamètre de la Terre, ou 1 pouce, en contient 100; car ici nous ne saurions pousser la précision plus loin. Nous trouvons par là le centre de l'orbite de Saturne. Prenant ensuite sur le demi-diamètre 951 des mêmes parties, nous traçons l'orbite de la planète. Nous marquons son aphélie de la lettre A au point d'intersection de la ligne que nous avons tirée du centre. Mais comme toutes les orbites des planètes dans le ciel ne sont pas dans le plan de l'écliptique ou de l'orbite de la Terre, et qu'elles s'élèvent sur ce plan dans une de leurs moitiés et s'abaissent dans l'autre, il est clair qu'elles ne sont pas elles-mêmes les orbites des planètes que nous avons décrites, mais P. 446.
des lignes de ce genre sur lesquelles tombent les perpendiculaires menées sur le plan de l'écliptique de tous les points de ces orbites, et que nous ne laissons pas de prendre pour les orbites mêmes, parceque c'est selon que l'on examine le mouvement de la planète en longitude : elles sont, en effet, des orbites réduites au plan de l'écliptique. Ainsi les deux points où chaque orbite coupe le plan de l'écliptique, qui s'appellent les nœuds, ont été marqués par leurs signes ☊☋, dont le premier marque le nœud ascendant, d'où la planète se porte vers les parties boréales de l'écliptique, qu'on suppose exister sur la platine; l'autre le nœud descendant, duquel la planète passe vers les parties australes. Ils se trouvent, suivant les astronomes, aux points opposés de la ligne qui passe par le centre du Soleil, quoique cela ne soit pas exactement vrai, comme on le montrera en son lieu. Au

reste, nous avons marqué dans cette table les lieux des nœuds ascendans, et sous quel angle les orbites des planètes sont inclinées au plan de l'écliptique. Nous avons suivi les auteurs qui nous ont paru les mieux fondés, et pour Mercure et Vénus nous avons fait usage des observations des astronomes qui ont vu ces planètes sur le Soleil.

P. 447.

An de J. C. 1682, 1er *janvier.*

	APHÉLIES.	Nœuds ascendans.	Inclinaisons.	Demi-diamèt. des orbites des planètes.	Excentricités dans les mêmes parties.
	D. M. S.	D. M. S.	D. M. S.		
Mercure.	15 11 19 ♐	14 29 47 ♉	6 54 0	38806	8149
Vénus.	2 59 44 ♒	13 54 52 ♊	3 22 0	72400	500
Mars.	0 30 17 ♍	17 38 12 ♉	1 50 30	152350	14115
La Terre.	7 7 20 ♑	. . . .	. . . . .	100000	1800
Jupiter.	7 55 43 ♎	5 30 42 ♋	1 19 20	519650	25058
Saturne.	27 39 46 ♐	21 36 26 ♋	2 32 0	951000	54207

Diamètre de l'anneau de Saturne au diamètre du Soleil comme 11 est à 37
Diamètre de l'anneau au diamètre du globe de Saturne comme 9 à 4
Diamètre de Jupiter au diamètre du Soleil comme . . . . 2 à 11
Diamètre de Mars au diamètre du Soleil comme . . . . 1 à 166
Diamètre de la Terre au diamètre du Soleil comme. . . , . . . 1 à 110
Diamètre de Vénus au diamètre du Soleil comme. . . . . 1 à 84
Diamètre de Mercure au diamètre du Soleil comme . . . . . . 1 à 308

DÉTERMINATIONS MODERNES.

PLANÈTES.	DIAMÈTRES en lieues.	DIAMÈTRES PAR RAPPORT A LA TERRE.	
Le Soleil.	319314	111,45	Cent onze fois le diam. de la Terre.
La Terre.	2864	1,	. . . .
La Lune.	782	0,2731	Trois onzièmes du diam. de la Terre.
Mercure.	1166	0,4012	Deux cinquièmes.
Vénus.	2748	0,9593	Plus petit d'un vingt-cinquième.
Mars.	1490	0,5199	La moitié du diamètre de la Terre.
Jupiter.	31111	10,862	Onze fois aussi grand.
Saturne.	28594	9,9830	Dix fois aussi grand.
Anneau de Sat.	66719	23,294	Vingt-trois fois.
Herschel.	12410	4,332	Quatre fois deux tiers.

(De la Lande, *Astron.*, art. 1397.)

Pour faire connaître les latitudes apparentes des planètes sur la ligne droite qui joint les nœuds, nous avons tracé de chaque côté des arcs de cercle, l'un hors de la partie boréale de l'orbite, l'autre en dedans de la partie australe, aussi distans de ces parties, dans leur plus grand éloignement, que l'orbite même doit l'être dans ces lieux au dessus ou au dessous du plan de l'écliptique. Nous avons aussi marqué les angles d'inclinaison. Dans quelque point de son orbite réduite que se trouve la planète, si de ce point à l'arc voisin on prend une très petite distance, elle indiquera au plus près l'intervalle dont la vraie orbite de la planète s'éloignera dans cet endroit du plan de l'écliptique. En comparant cet intervalle avec la distance de la planète à la Terre, on trouvera facilement, par la trigonométrie, son angle de latitude. P. 448.
En voilà assez sur la forme extérieure et l'usage du Planétaire; passons maintenant à son mécanisme intérieur.

Voici la manière dont nous avons trouvé le nombre des dents des roues. Nous avons comparé le mouvement moyen annuel de chaque planète dans l'écliptique, ou l'espace de 365 jours, au mouvement moyen annuel de la Terre, tels qu'on les trouve dans les tables astronomiques, en réduisant en tierces les arcs entiers de leurs mouvemens. Les nombres trouvés par ce moyen étant entre eux comme les arcs des cercles parcourus en même tems par la planète et par la Terre dans leurs orbites, il s'ensuit que les tems périodiques de l'une et de l'autre sont en raison contraire. Telle doit être aussi la proportion des nombres des dents, ou une autre semblable exprimée en plus petits nombres, que doit avoir, soit la roue de la planète, soit toute autre qui s'engrène avec elle, et est fixée sur le grand axe. Chaque révolution de cet axe fait parcourir à la Terre son orbite entière, puisque nous avons donné un nombre égal de dents à la roue qui porte la Terre, et à celle qui lui correspond sur le grand axe, celui de 60, par exemple, ou tout autre à volonté qui puisse convenir aux roues.

Tout se réduit donc, deux grands nombres ayant entre eux une certaine proportion donnée, à trouver d'autres nombres moindres qui ne chargent pas trop les roues par la multitude des dents, et qui aient si bien entre eux la même proportion, qu'aucun autre nombre n'en approche de plus près. Mais un exemple éclaircira mieux tout ceci, soit à trouver les dents de la roue de Saturne, et de celle du grand axe qui lui communique le mouvement, indiquée plus haut
Pl. II, fig. 3. par la lettre K.

Le mouvement annuel de Saturne (je suis ici, comme pour tous les autres, les nouvelles tables de Riccioli) est de 12°, 13′,
P. 449. 34″, 18‴. Le mouvement annuel de la Terre, qu'il appelle mouvement du Soleil, est de 359°, 45′, 40″, 31‴ : en réduisant tout en tierces, on a la proportion 2640858 à 77708431. Le dernier de ces nombres est au premier, comme le tems périodique de Saturne est au tems de la révolution de la Terre autour du Soleil. Par conséquent le nombre des dents de la roue de Saturne doit être à celui des dents de sa roue motrice, dans la même proportion ou la plus rapprochée. Pour trouver des nombres moindres qui approchent le plus de ce rapport, je divise le plus grand par le plus petit, ensuite le moindre par le reste de la division, et celui-ci par le dernier reste, et en continuant ainsi, je trouve le résultat suivant de la première division :

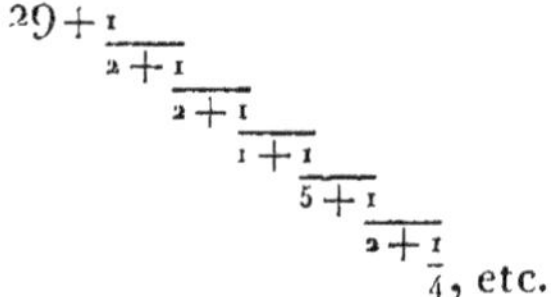

$$29+\cfrac{1}{2+\cfrac{1}{2+\cfrac{1}{1+\cfrac{1}{5+\cfrac{1}{2+\cfrac{1}{4}}}}}}, \text{ etc.}$$

savoir : le nombre avec une fraction, dont le numérateur est l'unité, et dont le dénominateur a encore avec lui une fraction, dont le numérateur est l'unité, et le dénominateur se compose comme le précédent, et par la même raison. Si on pousse la division jusqu'où elle peut aller, le reste sera enfin l'unité.

En supprimant quelques unes des dernières fractions, comme celle de $\frac{1}{5}$ et celles qui la suivent, et en les réduisant toutes au même dénominateur, celui-ci aura, avec le numérateur, le rapport le plus rapproché de celui du plus petit nombre donné au plus grand; de sorte qu'on ne puisse pas en approcher de plus près avec de plus petits nombres. Le P. 450.
mode de réduction est facile, car les dernières fractions par lesquelles nous commençons ici $\frac{1}{2+\frac{1}{1}}$, équivalent à $\frac{1}{3}$. Passant ensuite à la précédente, et continuant à réduire $\frac{1}{2+\frac{1}{3}}$, font $\frac{3}{7}$.

Enfin, prenant le nombre entier et réduisant, on a $29+\frac{3}{7}$, qui font $\frac{206}{7}$. Ainsi la raison du nombre 7 à 206 est la plus rapprochée de celle du nombre 3640858 à 77708431; c'est pourquoi nous avons donné 206 dents à la roue de Saturne, et 7 à sa motrice. On ne peut trouver de moindres nombres qui approchent plus de ce rapport. C'est ainsi qu'on le prouve: Il est certain que les nombres que l'on trouve par cette réduction sont des nombres premiers entre eux (Prop. I, l. 7. Élém.), parceque notre division continue n'est autre chose que cette soustraction d'Euclide, qui étant appliquée à nos nombres 7 et 206, trouvés par la réduction, fait qu'il ne reste enfin que l'unité, parceque le numérateur de toutes ces fractions est l'unité. S'il y avait deux autres nombres qui approchassent plus de ce rapport, il faudrait qu'en divisant continuellement le plus grand par le moindre, jusqu'à ce qu'il ne restât plus que l'unité, le quotient fut 29, avec les mêmes fractions ci-dessus continuellement ajoutées et continuées au-delà de la fraction par laquelle nous avons commencé la réduction, lorsque nous avons trouvé les nombres 7 et 206; sans quoi on ne peut pas approcher de plus près le quotient de la première division, auquel sont jointes toutes lesdites fractions, continuées aussi loin qu'elles peuvent l'être. Ainsi, puisque en continuant la division de 206 par 7,

on trouve : $29 + \cfrac{1}{2 + \cfrac{1}{2 + \cfrac{1}{1}}}$, il faudrait que par une semblable division des nombres plus approchans, on ajoutât au moins une fraction à toutes celles-là, $\frac{1}{1}$ ou toute autre par laquelle on pût parvenir plus près du quotient universel, qu'en s'arrêtant à $\frac{1}{1}$.

P. 451. En faisant la réduction, il est évident qu'on aurait des nombres plus grands que si on eût commencé par la fraction précédente, puisque par l'addition de chaque fraction réduite, il se fait une fraction composée de nombres premiers entre eux, et qui ne peut par conséquent se réduire à des nombres moindres : ce qui deviendra évident en faisant attention au théorème suivant, qui est très facile à démontrer. Supposons deux nombres premiers entre eux, l'un d'eux sera premier par rapport à lui-même ou à son multiple augmenté de l'autre de ces nombres; car s'il en est autrement, étant ainsi composé, il ne laisserait pas d'être la mesure de lui-même : mais il est la mesure d'une partie, c'est-à-dire de lui-même ou de son multiple; donc il sera aussi la mesure du reste; ce qui est absurde, les nombres étant supposés premiers entre eux. Ainsi les nombres plus approchans de la proportion requise ne seront pas moindres, mais plus grands que 206 et 7.

On comprend facilement qu'il vaut mieux commencer la réduction des fractions par celle qui est immédiatement suivie de celle qui aura le plus grand dénominateur en comparaison de ses voisines; comme dans l'exemple précédent nous avons commencé la réduction par la fraction qui précède immédiatement $\frac{1}{7}$.

L'avantage de cette méthode s'étend encore à beaucoup d'autres cas, lorsqu'il s'agit de réduire une proportion quelconque exprimée en nombres, à une autre qui en approche de plus près, mais exprimée en plus petits nombres; comme lorsqu'on veut comparer le rapport de la circonférence au diamètre, à d'autres rapports connus, lequel est comme 31415926535 à 10000000000. En faisant la divison,

$$\text{on a : } 3+\cfrac{1}{7+\cfrac{1}{15+\cfrac{1}{1+\cfrac{1}{292+\cfrac{1}{1+\cfrac{1}{1.}}}}}}$$

En commençant la réduction par la fraction $\frac{1}{7}$, on a le rapport d'Archimède, de 22 à 7. Si on commence par $\frac{1}{1}$, on en trouve un beaucoup plus rapproché : c'est celui d'Adrien Métius, de 355 à 113; car 113 est à 355 comme 10000000 est P. 452.
à 31415926, etc. On peut de la même manière trouver les rapports les plus rapprochés du véritable. Mais celui de Métius est le plus commode pour l'usage, tant à cause de la petitesse de ses nombres, que de la fraction $\frac{1}{292}$, dès laquelle nous avons commencé la réduction. On tenterait en vain d'en trouver un semblable en cherchant d'autres nombres. Il faut observer que par notre méthode on trouve alternativement un terme de proportion plus grand ou moindre, selon qu'on commence la réduction par la 1re, la 3e, la 5e fraction impaire, ou toute autre

impaire en suivant. Ainsi, comme nous avons commencé la réduction précédente par la fraction $\frac{1}{1}$, qui est la 3e, le rapport de la circonférence au diamètre est comme 355 à 113; il est plus grand que le véritable. Si on eût commencé par la 2e, qui est $\frac{1}{15}$, on eût trouvé le rapport 333 à 106, qui est moindre que le véritable. De plus, si on commence par la 1re, qui est $\frac{1}{7}$, on trouve le rapport d'Archimède, de 22 à 7, plus grand que le véritable. J'appelle rapport véritable, celui qui est exprimé par les grands nombres qu'on a pris, et que nous prenons pour le rapport même de la circonférence au diamètre. La démonstration de tout ce qui précède porte sur ce principe très connu, qu'une fraction quelconque devient moindre si l'on augmente son dénominateur, et devient plus grande si on le diminue.

Que le nombre résultant de la 1re division soit A; qu'on ajoute aux fractions descendantes B C D E F, et

$$\overset{A}{3}+\cfrac{\overset{B}{1}}{7+\cfrac{\overset{C}{1}}{15+\cfrac{\overset{D}{1}}{1+\cfrac{\overset{E}{1}}{292+\cfrac{\overset{F}{1}}{1}}}}}$$

au dénominateur de la dernière F, une fraction qui comprendra la réduction de toutes les fractions ultérieures, et que j'appelle Z; comme la fraction F est plus grande que la véritable, ayant un dénominateur moindre que le véritable qui serait $1+Z$, en augmentant le dénominateur de la fraction E par la fraction F, la fraction réduite E F sera moindre que la véritable; en augmentant encore
P. 453. le dénominateur de la fraction D, cette fraction réduite, celle qui résultera de la réduction des fractions D, E, F, sera plus grande que la véritable, et par conséquent en augmentant le

dénominateur de la fraction C, cette dernière fraction résultante de la réduction des fractions C D E F sera moindre que la véritable.

Puisque les fractions résultantes de la réduction des fractions ascendantes sont alternativement moindres ou plus grandes que les véritables, il est clair que la fraction impaire, formée de la réduction des autres, sera toujours plus grande que la véritable, et qu'en l'ajoutant au nombre A, elle donnera un terme de proportion plus grand que le véritable. Mais si celle où l'on commence la réduction occupe une place paire, la fraction formée par la réduction des autres sera plus petite que la véritable; et étant ajoutée au nombre A, elle donnera un terme de proportion moindre que le véritable.

Il faut savoir que si l'on veut connaître tous les termes les plus rapprochés de la proportion donnée, il faut faire la réduction de toutes les fractions impaires, puis celle de toutes les fractions paires; de telle sorte que, pour le dénominateur de chaque fraction qui sera plus grande que l'unité, on mette à part tous les dénominateurs depuis l'unité jusqu'à celui-là, et on commence et achève la réduction avec chacun d'eux. Si l'on réduit ainsi les fractions impaires, tous les termes seront plus grands que les véritables; si l'on réduit les paires, tous les termes seront moindres que les véritables. Si, dans l'exemple proposé, on met pour la première fraction $\frac{1}{7}$ chacune de celles-ci $\frac{1}{1}$, $\frac{1}{2}$, $\frac{1}{3}$, $\frac{1}{4}$, $\frac{1}{5}$, $\frac{1}{6}$, $\frac{1}{7}$, on aura par la réduction des proportions plus grandes que les véritables : 4 à 1, 7 à 2, 10 à 3, 13 à 4, 16 à 5, 19 à 6, 22 à 7. P. 454.
En commençant par la troisième fraction D, on aura le rapport plus grand que le vrai 355 à 113; et en commençant par la cinquième F, on trouvera le rapport trop grand

104348 à 33215. De plus, si à la place de la deuxième fraction $\frac{1}{15}$ on met quinze fractions séparées, $\frac{1}{1}$, $\frac{1}{2}$, $\frac{1}{3}$, $\frac{1}{4}$, $\frac{1}{5}$, etc. et à la place de la quatrième $\frac{1}{292}$, toutes les fractions depuis l'unité jusqu'à $\frac{1}{292}$, on aura, par les réductions, des proportions toujours moindres que les véritables. Si l'on veut enfin connaître la série continue mixte des termes, tant de ceux qui offrent une proportion plus grande, que de ceux qui en produisent une plus petite, chacun desquels approche le plus près de la véritable, il faut avoir soin de mettre à toutes les fractions dont le dénominateur est plus grand que l'unité, non, comme on vient de le faire, des dénominateurs moindres que l'unité, mais en commençant par celle qui approchera le plus de la moitié de son dénominateur.

C'est le rapport que nous avons suivi pour les autres planètes. Nous avons donné à la roue de Jupiter 166 dents, et à sa motrice 14; à la roue de Mars 158 dents, et à sa motrice 84; à la roue de Vénus 32 dents, et à sa motrice 52; lesquels nombres sont entre eux à peu près comme 70 à 43. Si nous eussions pris ces derniers, et donné à la roue de Vénus 43 dents et à sa motrice 70, la machine eût un peu plus exactement représenté le vrai mouvement de Vénus; car les premiers nombres que nous avons employés font que Vénus, après vingt ans, retarde de 3° 37′, tandis que les derniers, dans le même espace de vingt ans, la font avancer de 15 minutes.

On trouve à peu près par le même calcul les dents des petites roues qui font mouvoir Mercure; car ayant pris la période du mouvement de la Terre de $365^{j.}$ $5^{h.}$ 45′ 15″ 46‴,
P. 455. celle de Mercure de $87^{j.}$ $23^{h.}$ 14′ 24″, ou pour plus de facilité celle de la Terre de $365^{j.}$ $5^{h.}$ 50′, celle de Mercure de $87^{j.}$ $23^{h.}$ 15′, on trouvera la proportion des révolutions de Mercure à celles

de la Terre comme 105190 est à 25335, ou 21038 à 5067, après avoir divisé de la manière que nous avons indiquée :

$$\frac{21038}{5067} = 4 + \cfrac{1}{6 + \cfrac{1}{1 + \cfrac{1}{1 + \cfrac{1}{2 + \cfrac{1}{1 + \cfrac{1}{1 + \cfrac{1}{1 + \cfrac{1}{1 + \cfrac{1}{7}}}}}}}}}, \text{ etc.}$$

et négligeant la dernière fraction, toutes les autres réduites à un même dénominateur, on aura $\frac{847}{204}$, lesquels nombres approchent de plus près la proportion des mouvemens de ces planètes. Mais comme 847 résulte du nombre 121 multiplié par 7, et 204 du nombre 12 multiplié par 17, nous avons donné à la roue annuelle qui est sur l'axe commun 121 dents. On a interposé un petit axe tournant entre deux points fixes, dont l'un est dans l'axe qui passe par le Soleil et l'anneau de Mercure, et l'autre dans un pilier fixé à l'anneau immobile de la Terre. Ces deux points sont assez éloignés des orbites de Mercure et de Vénus pour ne pas empêcher les roues de la Terre et de Vénus de passer librement sous cet axe, lequel porte à chacune de ses extrémités des pignons, dont l'un qui engrène dans la roue annuelle a 12 dents, et l'autre qui engrène dans la bande circulaire dentée qui conduit la planète a 7 dents, tandis que la bande circulaire en a 17 ; ce qui maintient entre le mouvement de l'axe commun et la roue de Mercure la même proportion, qui est de 204 à 847 (1).

(1) Le P. Alexandre, dans son Traité général des horloges, p. 332, donne le rapport de ces roues comme 7 à 17. Suivant cet exposé, Mercure ferait sa révolution en 886j.,934. Le P. Alexandre connaissait trop bien cette matière

P. 456. Pour trouver les dents des petites roues de la Lune, prenant le même mouvement annuel de $365^{j.}\ 5^{h.}\ 50'$, et le mouvement lunaire de $29^{j.}\ 12^{h.}\ 44'\ 3''$, ou $45'$ pour la facilité du calcul, on trouvera le rapport des révolutions de la Lune à celles de la Terre, comme 105190 est à 8505, ou comme 21038 est à 1701. En divisant ces nombres comme auparavant, on aura :

$$\frac{21038}{1701} \Big| \ 12 + \cfrac{1}{2 + \cfrac{1}{1 + \cfrac{1}{2 + \cfrac{1}{1 + \cfrac{1}{1 + \cfrac{1}{6 + \cfrac{1}{3 + \cfrac{1}{4}}}}}}}}, \text{ etc.}$$

Si on prend la fraction $\frac{1}{6}$ pour la dernière, et si on réduit au même dénominateur toutes les précédentes, on aura les nombres 1546 et 125, dont le premier n'ayant d'autres parties aliquotes que 2 et 773, et le second faisant un trop grand nombre de dents, il vaudra mieux, au lieu de la fraction $\frac{1}{6}$, prendre $\frac{1}{7}$, qui en approche le plus ; ce qui donnera les nombres 1781 et 144, dont le premier est le produit de 137 multiplié par 13, et le second celui de 12 multiplié par 12. Par là on trouvera facilement le rapport des dents, soit de la grande roue, soit des pignons des petits axes.

D'après cette méthode pour trouver le nombre des dents, soit des roues du grand axe, soit des roues qui portent les Planètes, il est évident qu'il est impossible, qu'après un cer-

---

pour attribuer une semblable erreur à Huyghens ; et quelle qu'ait été son intention, c'est toujours un grand tort de défigurer ainsi l'œuvre du génie.

Ferdinand Berthoud a répété cette erreur, Histoire de la mesure du tems, tome 2, page 196.

tain tems, il n'arrive que la machine s'écarte un peu des proportions que nous avons déterminées pour les mouvemens des diverses Planètes. Il est facile de calculer la quantité de cet écart quelque petite qu'elle puisse être. Car pour que la machine rendît exactement les proportions du vrai mouvement, il faudrait que ce rapport du mouvement correspondît P. 457. précisément à celui du nombre des dents des roues. Eclaircissons ceci par un exemple. La roue de Saturne sur l'axe commun a 7 dents, celle qui porte cette Planète en a 206 : il faut donc qu'en 206 ans Saturne fasse sept fois sa révolution. Mais le rapport du mouvement de la Terre à celui de Saturne étant comme 7770843I est à 2640858, on trouvera que dans l'espace de 206 ans il n'achèvera pas précisément 7 fois sa période, mais environ 7 fois $\frac{1}{1346}$. Ainsi dans chaque espace de 206 ans, Saturne retardera de $\frac{1}{1346}$ de son cercle, et en chaque année d'une portion quelconque de dents ; tellement qu'en 1346 ans il retardera d'une dent ; donc il faudra faire avancer la roue de Saturne après ce laps de tems. Cette roue étant de 206 dents, qui font le cercle entier de 360 degrés, chaque dent répondra à 105' dont il faudra faire avancer Saturne au bout de 1346 ans ; ce qui fera pour 20 ans 1' 34'' : il en est de même de toutes les autres.

Il nous reste à expliquer comment les anomalies des mouvemens s'ensuivent de ces révolutions des roues. Pour cela, Pl. I, fig. 4. soit ANP l'orbite de la Planète, C son centre, S le Soleil ; Soit pris à volonté en SC, le point E ; soit aussi l'excentricité SC au rayon CA comme CE est à ED ; puis avec le rayon DE, du centre E soit décrit le cercle DM ; que l'on conçoive le cercle DM immobilement fixé sur le cercle AL, mobile lui-même sur son centre C, garni de dents égales élevées sur le plan du cercle qui, par conséquent sera aussi nécessairement mû autour du centre C ; supposons aussi qu'il

se meut par la révolution uniforme du pignon KH dont l'axe est dirigé vers C, et dont les dents engrènent dans celles de la roue DM, elles ne laisseront pas de tourner ensemble, quoique l'excentricité de cette roue les empêche quelquefois
P. 458. de répondre à angles droits au pignon : je dis que par ce mouvement la planète parcourra irrégulièrement son orbite, de manière à rendre, autant que possible, l'hypothèse de Képler.

Pl. I, fig. 4. Ayant donc pris sur le cercle DM décrit du centre E avec un arc quelconque DO, et supposé que les dents de cet arc, par la révolution du pignon HK aient passé la droite CD, la droite CO sera nécessairement dans la droite CAD, mais non de manière que le point O soit sur le point D; il sera plus intérieur vers R, puisque CD, qui est égale à CE et CO, est plus grande que CO. L'angle formé par la droite CAD mue autour du centre C, sera donc aussi grand que l'angle OCD. Si donc on fait l'angle DCT égal à l'angle DCO, CT sera la droite sur laquelle se sera avancée CAD, de sorte que la Planète sera allée de A en N, où la droite CT coupe la circonférence AN décrite du centre C; et le cercle DM, quand le centre E sera parvenu en F, et que FT sera égale à DE, aura la situation du cercle TR. Or, il paraît qu'à cause de l'égalité des angles OCD, DCT, l'arc DM que la droite CT coupe dans la circonférence ODM, est égal à l'arc DO. De là en joignant les points ME, l'angle MED sera égal à l'angle DEO. Si donc on fait l'arc AL d'autant de degrés qu'en contient l'arc DM, et qu'on joigne CL, cette ligne sera parallèle à EM. Dans les triangles CEM, SCL il y aura deux angles égaux LCS, MEC, et par conséquent les côtés d'entre ces angles seront proportionnels. Car par la construction SC : CL :: CE : EM, puisque CL=CA et EM=ED; donc aussi les angles MCE et LSC sont égaux, et par conséquent les côtés CM, SL parallèles. Voici comment on fera voir que par la rotation des cercles DM, AL la Planète placée en A se mouvra par le cercle AL de manière à satisfaire à l'hypothèse de Képler.

Supposé que la planète se meuve de A vers N, l'espace NSA sera son anomalie moyenne; or, à cause des parallèles SL, CN, le triangle NSC sera égal au triangle CLN qui ne diffère pas sensiblement du secteur CLN. Ainsi l'espace CLA et par P. 459. conséquent l'arc AL répondra à l'anomalie moyenne quand la planète aura passé de A en N. Que si on suppose que AQP est l'orbite elliptique de Képler, la planète sera effectivement en Q, lorsque NQ, perpendiculaire à AP, coupera l'ellipse AQP, non en N; mais ces ellipses diffèrent si peu des cercles, qu'on ne saurait en apercevoir la différence dans la machine. N sera donc le lieu moyen de la planète, pour son mouvement moyen par l'arc AL, cet arc ayant autant de degrés que l'arc DO ou l'arc DM. Si on place le pignon dans tout autre lieu comme en G, à égale distance du centre C vers lequel il doit être dirigé, et qu'on place le point D qui dans la roue ODM est le plus éloigné du centre C sous le pignon, et la planète en A, lieu de son aphélie, en faisant tourner uniformément le pignon en G ou en D, la planète paraît passer sous les mêmes angles autour du centre C. C'est pourquoi quelque part qu'on place le pignon, le mouvement inégal de la planète aura toujours lieu de la même manière, quoique les dents de la roue DM soient égales, pourvu que les dents du pignon qui est toujours dirigé vers le centre C aient une certaine longueur pour pouvoir engréner dans les dents du cercle DM, en divers points de la sécante DC. Il faut observer en même tems que si la ligne qui va du centre C au cercle DM sous le pignon K est très longue, il faut placer la planète dans l'aphélie du cercle ANL. Mais comme dans

notre machine tous nos pignons sont portés par le même axe, il ne pourra être placé convenablement que pour les centres de deux Planètes. Il faut donc examiner comment on peut parvenir au même but par le moyen de dents inégales. Pour cela, supposons le cercle DMP coupé en parties égales D*a*, *ab*, *b*M, M*g*, et qu'on mène à ces parties du centre C les droites C*a*, C*b*, CM, C*g*, ces lignes couperont en parties inégales A*d*, *de*, *e*N, N*f*, l'orbite de la Planète ANL; c'est pourquoi il se trouvera dans le cercle ANL autant de dents inégales
P. 460. qu'il y en a d'égales dans le cercle DM. Si on leur applique le pignon K (car elles ne laisseront pas de s'y engréner quoiqu'elles soient un peu plus grandes ou un peu moindres dans un endroit que dans un autre, puisqu'elles feront passer dans le pignon le même nombre de dents, soit dans l'arc AN ou dans le cercle DM), cela donnera, au mouvement de la Planète, la même inégalité qu'a établie l'hypothèse de Képler.

NOTE.

Dans le tems que Roemer présenta le Jovilabe décrit dans les œuvres d'Horrebow, tome III, page 115, il donna aussi le plan d'un Planétaire dont l'histoire latine de l'Académie de Paris parle en ces termes : *Quin eo ipso* Ann. 1678.
tempore aliam delineavit machinam admodum simplicem, quæque instar perpetuarum ephemeridum esse potest, ut quovis momento locus et motus cujusque planetæ inveniantur, nodi quoque, excentricitates, stationes et retrogradationes. Præcipuum hujus machinæ artificium in conica rotarum figura consistit, qua efficitur ut motus æqualis et sui similis videri possit admodum inæqualis, uti omnibus coram ostendit.

(*Regiæ Scientiarum Academiæ Historia*, pag. 176).

« Il fit aussi dans le même tems le plan d'une machine très simple qui peut tenir lieu d'un almanach perpétuel : on y voit en tout tems le lieu et le mouvement de chaque planète, ses nœuds, son excentricité, ses stations et rétrogradations. L'artifice principal de cette machine consiste dans la figure conique de ses roues, qui fait qu'un mouvement uniforme et toujours semblable à lui-même peut paraître très inégal, comme tout le monde l'a pu voir. »

L'abbé Tournier, dont il sera question dans la seconde partie de cet ouvrage, avait deviné l'artifice des roues coniques de Roemer, et l'employa, en 1743, dans une sphère mouvante que l'on voit au Conservatoire des arts et métiers, avec un globe terrestre du même auteur. Le mouvement vrai du Soleil est représenté dans cette machine par une roue et un pignon coniques. En voici la construction :

« Si l'on veut faire mouvoir, par le moyen d'un pignon de six ailes, une roue de 24 dents, de manière que dans certaines parties de sa révolution elle se meuve aussi vite que si elle n'avait que 12 dents, et dans d'autres parties elle se meuve aussi lentement que si elle en avait 48,

« 1° On formera le parallélograme rectangle LMNO, dont le côté NO Pl. I, fig. 5.
sera égal au diamètre de la roue et du pignon pris ensemble, et la largeur LN égale à leur épaisseur, qui doit être d'autant plus grande que l'inégalité du mouvement sera plus considérable.

« On coupera N O en Q, de manière que Q O soit à Q N comme 6 à 48; c'est-à-dire réciproquement comme la vitesse du pignon est à la plus grande vitesse de la roue.

« On coupera de même L M en P, en raison de 6 à 12, ou réciproquement comme la vitesse du pignon est à la plus petite vitesse de la roue. On mènera ensuite P Q, et autant de parallèles S R à L M qu'il y a de dents dans la roue, sur lesquelles on marquera les degrés de vitesse qu'elles expriment, et qui sont en raison renversée de leurs longueurs.

« 2° On fera sur le tour deux cônes tronqués, l'un égal à celui qui se forme de la révolution du trapèze L P Q N autour de son axe L N, et l'autre égal à celui qui est formé par la révolution du trapèze PQMO autour de l'axe MO.

« On marquera sur le plus grand de ces cônes les cercles engendrés par la révolution des points P, T, Q, et on les marquera des mêmes chiffres que les parallèles correspondantes des parallélogrames L O.

« On marquera sur les deux bases du cône des lignes qui fassent autour du centre des angles en même raison que les différentes vitesses de la roue, et on taillera, suivant ces lignes, des dents sur la surface du cône; après quoi on cherchera sur les cercles qui expriment les différentes vitesses, et que l'on a tracés sur la même surface, la partie de chaque dent qui doit rester, et doit être vis-à-vis le rayon correspondant marqué sur l'une des deux bases. On emportera tout le reste, ne laissant que ce qui sera marqué, et qui formera une espèce d'ellipse.

« A l'égard du pignon, on le fera régulièrement conique, comme il est marqué en M O dans la figure.

« Par ce moyen, les dents les plus larges se trouveront toujours vers la partie la plus large du pignon, et les plus étroites dans la plus étroite; et ainsi le pignon allant toujours uniformément, la roue ira inégalement dans la raison demandée. (*Machines de l'Académie,* tom. I, pag. 89.)

SECONDE PARTIE.

Description d'un Planisphère qui représente le mouvement apparent des planètes à l'égard de la Terre.

Je reçus les premières notions d'astronomie de l'abbé Tournier de Saint-Claude, qui, vers le milieu du dix-huitième siècle, avait imaginé un système du monde. Il y avait alors une vingtaine d'années que cet homme extraordinaire se repliait sur lui-même dans la solitude, qu'il écrivait du matin jusqu'au soir contre l'hypothèse de Copernic, les institutions astronomiques de le Monnier, l'Académie des sciences, et Cassini de Thury (1). Pour un jeune homme actif, dévoré du besoin d'apprendre, c'était mal échoir. Mais l'abbé Tournier possédait parfaitement l'art de calculer les rouages et de juger de leur effet; il m'enseigna les élémens de cet art qu'il me fallut saisir à travers de nombreux calculs cabalistiques toujours mêlés à ses leçons, et dont les applications singulières, les résultats incompréhensibles eussent exalté ma

(1) Après avoir combattu son opinion avec tout l'ascendant de la supériorité, Cassini lui écrivait le 20 janvier 1746 : « Les raisons que vous rapportez pour soutenir votre sentiment sont illusoires, et vous me dispenserez « d'y répondre, parceque cela ne ferait que prolonger la dispute à l'infini : « car c'est tout de même que si j'essayais de désabuser une personne qui « voudrait me prouver que 2 et 2 ne font pas 4. Si vous ne m'en croyez pas, « consultez quelque autre astronome; et s'il pense de même que moi, défiez-« vous de votre sentiment; il faut craindre que nos préjugés ne nous fassent « tomber dans l'erreur, etc. »

jeune tête si je n'avais pas su discerner que cette affligeante crédulité annonçait l'affaiblissement de ses organes. Il mourut peu de tems après, au commencement de novembre 1766, âgé de soixante-seize ans et six mois.

Durant sa longue carrière il se distingua dans la musique, la gnomonique, la perspective, la peinture, la sculpture, la gravure, la mécanique, l'horlogerie et l'optique; mais nous devons l'avouer, il fut au-dessous de son siècle dans la connaissance des mouvemens célestes; et lorsqu'un homme de génie s'abuse sur quelque point généralement reconnu par ses contemporains, et se donne pour réformateur d'une science, le public exige très sévèrement qu'il soit bien au fait des opinions qu'il se propose de combattre.

Quoique l'abbé Tournier fût plein d'invention, de dextérité et de courage, l'éloignement où il s'était trouvé des livres et des conversations qui auraient pu lui épargner une partie des travaux de détail, et lui exposer clairement les véritables preuves du système de Copernic et des règles de Képler, fut cause qu'il usa son cerveau, son loisir et sa fortune à la poursuite de recherches inutiles et infructueuses.

Plus heureux que lui, du moins sous ce rapport, je commençai le songe de la vie à cette époque, où, par l'influence de Voltaire, le goût des lettres était généralement répandu dans la petite ville de Saint-Claude (1); de simples particuliers y avaient formé des bibliothèques considérables: celle de M. Lorrain me fut ouverte avec une générosité dont je lui rends mille graces; un ami de mon père (2), versé dans la physique, me fit connaître le vrai système du monde: l'essai de Ferdinand Berthoud et l'astronomie de la Lande, qui

---

(1) Le château de Ferney n'en est éloigné que de cinq lieues.

(2) Le P. Hyacinthe David, supérieur d'une maison religieuse.

furent mes premiers livres, achevèrent de développer le germe d'un talent dont les productions sont aujourd'hui la proie de la cupidité.

Si nous avons renoncé de bonne heure à des principes erronés mais enseignés de bonne foi, à mesure que nous avons mieux senti la puissance de l'instruction, nous nous sommes de plus en plus affermi dans la persuasion que si l'honnête et infatigable abbé Tournier eût été jeté dans les écoles de la capitale parmi les savans de son tems, il eût pu devenir la gloire de sa patrie, et peut-être le prodige de son siècle.

Après cette digression, qui sera déplacée pour ceux que la reconnaissance importune, mais que je devais à la mémoire de l'homme de bien qui fut mon premier instituteur, je passe à la description du planisphère qui fait l'objet de ce livre, et que je regardais, avant ma vingtième année, comme un monument érigé à la gloire de mon maître. Exposons d'abord ses idées sur le mouvement des planètes.

Le système suivant lequel la Terre se meut sur son axe, et le Soleil fait sa révolution autour d'elle sur l'écliptique, avait déja été proposé par diverses personnes, lorsque l'abbé Tournier le reproduisit en 1745 (1). Il a cet avantage, qu'il n'est

(1) J'ai eu la rare patience de solliciter pendant vingt ans la communication de ses manuscrits; l'avocat Rosset, son héritier, m'a constamment refusé cette faveur. Ils ont enfin péri dans l'incendie de la ville de Saint-Claude; et l'on a trouvé, à moitié fondues, sous les décombres de la maison de cet héritier intraitable, les dix-neuf planches en cuivre que l'abbé Tournier avait gravées lui-même pour son ouvrage, dont j'ai l'approbation dans une lettre autographe de Cassini, du 28 novembre 1745. Elle est conçue en ces termes:

« J'ai examiné, par ordre de Monseigneur le Chancelier, un manuscrit « composé par M. Tournier, prêtre de Saint-Claude en Franche-Comté, qui « a pour titre: *Nouveau Système du ciel*, *avec démonstration sur la régu-*

pas nécessaire que les étoiles fixes soient à une distance aussi prodigieuse que le demande le système de Copernic (*note* A), et qu'il épargne en même tems le mouvement journalier du Soleil, des planètes et des étoiles fixes qui résulte des systèmes de Ptolémée et de Tycho. Mais il est contraire aux lois de la physique, et surtout à la fameuse règle de Képler suivant laquelle, la Terre faisant sa révolution autour du Soleil, il y a toujours un rapport égal et constant entre les carrés des tems périodiques de deux planètes quelconques, et les cubes de leurs distances moyennes au Soleil (1).

A l'égard du mouvement du Soleil et des planètes, qu'il supposait égal et uniforme sur leurs orbites (*note* B), cela est entièrement contraire aux observations astronomiques, et l'on peut s'en convaincre en comparant le mouvement vrai du Soleil avec la grandeur apparente de son demi-diamètre; car il arrive qu'au commencement de juillet, lorsque le Soleil est dans son apogée, son mouvement vrai est de 57′ 11″ par jour vers l'orient, et qu'au commencement de janvier il est de 61′ 11″ dans le rapport à peu près de 14 à 15;

« *larité des mouvemens des planètes*; et quoique je ne convienne pas de ses « principes, j'y ai trouvé des recherches curieuses qui m'ont fait juger que « l'on pouvait en permettre l'impression.

Signé Cassini de Thury.

(1) La distance de la Terre au Soleil est à celle de Jupiter au Soleil comme 10 est à 52; leurs cubes sont par conséquent comme 10 est à 1407 : or, les durées de leurs révolutions sont de 365j. ¼ et 4332j. ½, dont les carrés, en négligeant les derniers chiffres, sont encore comme 10 à 1407, ou comme 1 à 141 environ : donc le rapport est le même de part et d'autre; le carré du tems périodique de Jupiter est 141 fois plus grand que le carré du tems périodique de la Terre, et le cube de la distance moyenne de Jupiter au Soleil est 141 fois plus grand que le cube de la distance moyenne de la Terre : c'est en quoi consiste l'égalité des rapports.

au lieu que son demi-diamètre apparent est de 15′ 45″,5 au commencement de juillet, et de 16′ 17″,7 au commencement de janvier, à peu près dans le rapport de 29 à 30. Or la géométrie nous apprend que les corps diminuent de grandeur apparente à mesure qu'ils s'éloignent de nous, suivant le rapport de leur distance, et que la vitesse de leur mouvement apparent, s'il est uniforme, suit aussi la même proportion, et cela dans le Ciel comme sur la Terre; d'où il résulte que le Soleil dont la vitesse apparente augmente ou diminue dans une proportion qui est à peu près le double de l'augmentation et de la diminution apparente de son diamètre, se meut réellement plus ou moins vite, suivant qu'il est plus près ou plus éloigné de la Terre. Il en est de même de la Lune à l'égard de la Terre, et des autres planètes à l'égard du Soleil. On distingue deux inégalités dans leur mouvement, dont l'une est nommée optique, parce qu'elles paraissent aller plus lentement lorsqu'elles sont plus éloignées, et l'autre physique, parce qu'elles se meuvent réellement avec moins de vitesse lorsqu'elles sont éloignées que lorsqu'elles sont proches.

Malgré ces vérités fondamentales (1), j'avais construit une machine où la Terre tournait sur son axe, au centre du monde, avec la vitesse du jour sidéral; le Soleil faisait une révolution autour d'elle sur l'écliptique en $365^{j.}\frac{1}{4}$; Mercure et Vénus tournaient autour du Soleil, de sorte que leurs orbites pouvaient être considérées comme des épicycles dont le centre parcourait l'orbite solaire avec la vitesse de l'année astronomique. Les trois planètes supérieures, Mars, Jupiter et Saturne étaient placées chacune sur un épicycle égal au diamètre de

---

(1) Je prie le lecteur de vouloir bien se reporter à l'époque où je n'avais pas atteint ma vingtième année.

l'écliptique, et dont le centre parcourait l'orbite de la planète avec la vitesse de son mouvement périodique, tandis que la planète parcourait l'épicycle avec la vitesse synodique (*note* C). Par la composition de ces deux mouvemens, les cinq Planètes principales décrivaient réellement autour de la Terre les lignes épicycloïdales, données par Cassini dans l'Histoire de l'Académie royale des sciences (année 1709, pag. 247), et qui ne sont que de simples apparences dans le système de la Terre mobile autour du Soleil, mais que l'abbé Tournier regardait comme réelles.

Pour réunir ainsi tout le système planétaire en un seul corps d'ouvrage, et donner les rapports approchés des tems périodiques aux tems synodiques par une combinaison de roues, la construction présentait de nombreuses difficultés, parce que les révolutions, dépendant les unes des autres, se décomposaient mutuellement.

Je vais exposer le plan de cette machine singulière, en conservant les bases que j'avais adoptées pour le calcul des dents des roues, telles que je les retrouve dans mes porte-feuilles. J'entrerai dans un détail minutieux, parce que je n'écris ni pour les savans ni pour les calculateurs (1); j'ai principalement en vue ces artistes modestes, capables des conceptions les plus heureuses, et qui, guidés par un instinct souvent plus sûr que le génie, restent cependant au-dessous de personnes qui leur sont fort inférieures en capacité, parce qu'ils n'ont pu faire l'application des sciences exactes à l'objet de leurs méditations (2).

(1) Les personnes versées dans la science des nombres auraient peine à se figurer combien il est difficile de faire concevoir la décomposition des rouages à des artistes d'ailleurs très intelligens.

(2) Dans cette classe j'oserai placer mon frère Joseph à l'un des premiers

La figure 1 pl. III représente ce planisphère vu de profil. Pl. III, fig. 1.
Les deux platines AB, CD, réunies par quatre piliers, forment une principale cage, dans laquelle sont placées les roues qui produisent la révolution annuelle du Soleil sur l'écliptique : cette révolution a pour motrice la roue E, tournant avec la vitesse de la rotation diurne de la Terre sur son axe.

Il faut concevoir les platines AB, CD élevées perpendiculairement sur la figure, et tout le rouage dans un plan vertical ; ce qui est suffisamment indiqué par la position de la manivelle M, que l'on ne pourrait faire mouvoir dans une situation horizontale.

La roue annuelle H, placée au centre de la cage ou de la platine AB, tourne sur cette platine seule au moyen d'un ajustement particulier dont on voit le développement, fig. 2. Fig. 2.
L'axe *ab*, percé dans toute sa longueur, porte une assiette *fg*, dont la base *f* s'applique sur le plan *h* du pignon *c*, rivé sur la roue annuelle H. L'écrou *d* et *e* sert à fixer l'axe avec la roue d'une manière invariable.

Lorsque toutes ces pièces sont réunies, le plan *h* forme avec le plan *g* une gorge ou poulie égale à l'épaisseur de la platine AB, et c'est là-dessus que tourne la roue annuelle. Cet ajustement doit être fait avec soin. L'axe *ab* sert en quelque sorte de pivot à toutes les autres révolutions, dont les

---

rangs ; et j'aime à rendre ce témoignage public de son habileté, parceque le premier des devoirs est d'être juste, même contre soi. Il y a trente ans que nous vivons à cent lieues l'un de l'autre : il n'a jamais vu le plan que je publie ; mais j'ai une telle habitude de son talent, que si un amateur le chargeait d'exécuter cette machine, j'affirmerais d'avance qu'il ne le ferait pas sans contribuer à sa perfection. Je n'ai rencontré personne qui apporte autant de méthode dans les opérations de la main-d'œuvre, et qui emploie des moyens plus simples, plus sûrs et en même tems plus expéditifs pour arriver à son but.

matrices sont fixées sur cet axe même par des vis de pression *vvv*.

Fig. 1. L'axe de la roue E passe à travers celui de la roue annuelle H. L'un de ses pivots prolongé porte le globe de la Terre *t* et l'aiguille *m m* qui représente le méridien. Ce pivot roule dans un bouchon de cuivre, chassé dans l'intérieur de l'axe an-
Fig. 3. nuel à la hauteur du cercle horaire *h*, vu en plan fig. 3. Ce cercle tourne avec la vitesse de l'année astronomique, et porte le Soleil sur le point midi de la division horaire. L'autre pivot roule dans le pont P.

Fig. 1. La roue E tournant, comme nous l'avons dit, avec la vitesse du jour sidéral, le solide des pignons doit être compris 366 ¼ fois dans celui des roues pour former la révolution de 365 ¼ jours en tems solaire moyen ; car la Terre *t* ayant fait une révolution, et l'aiguille *m m*, qui représente le méridien, ayant parcouru les 360 degrés de l'équateur céleste et rencontré la même étoile, le jour moyen n'est pas écoulé puisqu'il se compte depuis le passage du Soleil au méridien jusqu'au passage suivant; et comme le Soleil s'est avancé d'environ un degré vers l'orient, il faut que le méridien parcoure cet espace pour rejoindre le Soleil.

« La quantité dont une étoile précède ainsi chaque jour le Soleil, comptée en tems solaire moyen, à l'instant où l'étoile passe au méridien, est ce que l'on nomme l'*accélération* diurne des étoiles ; c'est la quantité dont il s'en faut alors que le Soleil ne soit arrivé au méridien, ou le tems qu'il lui faut pour parcourir encore les 59′ 8″ dont il avance vers l'orient par rapport à l'étoile, en vingt-quatre heures solaires moyennes. Cette accélération se trouve en faisant cette proportion : 360° 59′ 8″,2041 sont à 24 heures, comme 360° 0′ 0″ sont à 23 heures 56′ 4″,098, tems que l'étoile emploie à décrire les 360° ou à revenir au méridien; pour aller à 24 heures, il reste 3′ 55″,902 : c'est l'accélération diurne.

« Les 59′ 8″,2041 que je viens d'employer pour le mouvement diurne du Soleil sont moindres de 0′,1264 que le mouvement qu'on emploie dans les Tables astronomiques de 59′ 8″,3305 par rapport aux équinoxes; parce que dans le calcul de l'accélération, c'est le mouvement par rapport aux étoiles dont on doit faire usage; et celui-ci est plus petit, parce qu'il est la différence entre le mouvement du Soleil et celui des étoiles (1).

« Dans les éphémérides que le P. Hell publiait à Vienne depuis 1757, il avait continué, jusqu'a l'année 1767, de donner une Table où l'accélération était de 3′ 56″ 33‴, par conséquent trop grande (2); cela venait de ce qu'il mettait, au premier terme de la proportion, 360° seulement, ou au troisième terme 359° 0′ 52″.

« Les 365 accélérations de toute l'année ne doivent pas faire 24 heures, mais 4 minutes de moins; il faut 366¼ accélérations pour faire l'année entière, puisqu'une étoile passe 366 fois; ainsi l'on a 366 fois à compter la quantité dont elle a avancé ou accéléré son passage. Si l'on convertissait en tems le mouvement diurne du Soleil, à raison de 15° par heure, on trouverait aussi 3′ 56″ 33‴, parce que c'est le mouvement d'un midi à l'autre : mais il ne faut prendre que le

(1) Pour la vitesse de la Terre, dans cette machine, il faut prendre le mouvement des tables, parceque c'est le retour à l'équinoxe que l'on doit compter, et non pas le retour à l'étoile.

(2) C'est à peu près la quantité que j'ai employée dans la sphère de M. de Rougemont, représentée au frontispice de ce livre. J'ai fait l'accélération de 3′ 56″ 33‴ 17⁗ $\frac{33428}{41676}$; ce qui donne au Soleil et à la Lune un mouvement trop rapide, comme on le verra dans le rapport fait à l'Institut par M. le chevalier de Lambre.

mouvement du Soleil en 23$^{h.}$ 56′, c'est-à-dire d'un passage de l'étoile à l'autre, et cela ne fait que 3′ 55″, 9. »

Dans le rouage que j'avais employé, le solide des pignons était à celui des roues, comme 5640 : 2065608.

$$\frac{\text{Solide des pignons,} \quad 5640 = 10 \times 12 \times 47}{\text{Solide des roues,} \quad 2065608 = 108 \times 131 \times 146} = 366^{j.}\,5^{h.}\,49'\,16''\ \text{T sidéral.}$$

Cette révolution est trop courte de 31 secondes. En supposant une année moyenne de 365$^{j.}$ 5$^{h.}$ 48′ 48″, les rapports devraient être $\frac{2009}{735782}$ ou $\frac{8729}{3196955}$ pour une année de 365 jours 5$^{h.}$ 48′ 55″ adoptée par quelques astronomes ; et ces deux fractions, que l'on peut également décomposer, fourniraient des nombres convenables pour le diamètre des pignons et des roues que cette construction comporte.

Ainsi, dans le premier rouage le pignon ou roue E aurait 47 dents, la roue F 108, et son pignon 12, la roue G 131 dents, et son pignon 10; la roue annuelle H 146 dents (1).

Fig. 1. La roue ou pignon *c*, fixé sur la roue annuelle H, donne le mouvement à la roue *d* par le moyen de deux roues intermédiaires, placées sur la ligne ponctuée *cd*. Les roues *c* et *d* doivent avoir le même diamètre et le même nombre de dents, afin que le tems de leurs révolutions soit le même.

Nous disons qu'il faut deux roues de communication entre les roues *c* et *d*, parce que la roue *d* étant la motrice de la roue de Saturne, elle doit tourner d'orient en occident, afin que Saturne tourne d'orient en occident. L'axe de la

---

(1) Le mouvement diurne de la Terre et le mouvement annuel du Soleil se font d'occident en orient; et comme ce rouage est composé de 3 roues et de 3 pignons, la roue annuelle tournerait dans le sens opposé, si l'on n'ajoutait pas une roue de renvoi entre la roue E et la roue F pour retourner le mouvement. Sans cette précaution, la roue G tournerait d'occident en orient, et la roue annuelle H tournerait d'orient en occident.

roue *d* porte un pignon *s*, qui mène la roue de Saturne S. Cette roue forme un châssis avec les deux ponts *pp*, et la pièce *rr* qui est percée vis-à-vis le centre de la roue, pour donner passage à l'axe de la roue annuelle, sur lequel tout cet assemblage est mobile, ainsi que celui des roues de Jupiter et de Mars.

La roue *d* et son pignon *s* tournant avec la vitesse annuelle, qui est aussi celle de la roue motrice *c*, et la roue S devant tourner avec la vitesse de Saturne, j'avais employé, pour exprimer ce rapport, les nombres $\frac{12}{353}$ qui donnent une révolution un peu plus courte que celle du planétaire d'Huyghens exprimée par $\frac{7}{206}$, car 7 : 206 : : 12 : 353,143.

La vitesse du pignon 7 étant égale à la durée de l'année tropique, la vitesse annuelle de la roue de Saturne serait 12° 13′ 58″,8, et, avec un pignon de 12, la vitesse de la roue 353 serait 12° 14′ 16″,6, différence 17″,8. Si l'on fait le mouvement annuel de Saturne de 12° 13′ 26″,5, (*Astron.* de la Lande, art. 1167), le mouvement de Saturne employé dans ce planétaire serait trop rapide de 50″,1 par année, et celui d'Huyghens trop lent de 32″,3.

Entre le châssis formé par la roue de Saturne S et la pièce *rr*, sont placées deux roues vues séparément, fig. 3. Ces roues Fig. 3. sont rivées sur l'assiette d'un canon, que l'on fixe sur l'axe de la roue annuelle par une vis de pression *v*. La roue 1 donne le mouvement à la roue 2, par le moyen de deux roues placées sur la ligne ponctuée 1,2. La roue 3 fait tourner la roue 4 par trois roues de communication, parce qu'elle doit marcher d'occident en orient, et représenter la vitesse synodique de Saturne. La roue 4 est placée à une distance du centre qui est à celle du Soleil à la terre, comme 95 : 10. L'axe de cette roue porte un petit bras, dont la longueur est égale au rayon de l'écliptique; c'est à cette distance qu'est placée la planète.

L'axe prolongé de la roue 2 porte un pignon qui donne le mouvement à la roue de Jupiter L.

Les roues de Jupiter et de Mars sont montées de la même manière que celles de Saturne; elles tournent librement sur l'axe de la roue annuelle; il y a deux roues semblables à celles
Fig. 4. de la fig. 4, placées au dessus de la roue de Jupiter, et fixées par une vis de pression sur l'axe annuel; l'une de ces roues 5 donne le mouvement à la motrice de Mars, l'autre à la roue 7 du mouvement synodique de Jupiter.

Les roues de communication doivent être, comme dans la disposition précédente, en nombre pair pour donner le mouvement à la motrice de la planète inférieure, et en nombre impair (1) pour faire tourner la roue du mouvement synodique de Jupiter; cette dernière est placée à une distance du centre qui est à celle du Soleil à la Terre, comme 52:10.

Au dessus de la roue de Mars, il n'y a qu'une motrice 8 sur l'axe de la roue annuelle pour donner le mouvement synodique à la planète, parce que le Soleil, qui est au dessous de Mars, reçoit son mouvement de la roue annuelle dont nous avons établi la révolution dans la cage AB, CD. La roue 9 est placée à une distance du centre qui est à celle du Soleil à la Terre, comme 15:10.

Fig. 3. L'axe de la roue annuelle porte un cadran, fig. 3, gradué en 24 heures, avec leurs subdivisions de 15 en 15 minutes. La roue attachée sur ce cadran, par une vis à portée, sert à la révolution de la Lune. Le soleil est placé sur 0^h, et c'est autour de lui que tournent Mercure et Vénus par le moyen de deux roues motrices 10, 11, fixées sur la pièce *fg* attenante aux ponts *nn* et à la roue N. Les roues de Mercure et Vénus,

---

(1) C'est-à-dire qu'il faut une seule roue, ou 3, 5, 7, etc. ou un seul axe horizontal avec deux pignons et deux roues de champ.

emportées avec le Soleil par le mouvement annuel autour de leurs motrices 10 et 11, sont forcées de tourner selon l'ordre des signes, parce que la vitesse du Soleil est plus grande que celle de Mars. Les petits bras qui portent Mercure et Vénus sont à la distance du Soleil à la Terre, comme 4 et 7 sont à 10.

L'axe de la Terre *t* ou de la roue E porte un pignon qui engrène dans la roue *w* mobile sur le cadran *h*. Le pignon de cette roue conduit la roue *z* qui fait mouvoir la Lune, représentée par le petit globe que l'on voit à la droite de la Terre *t*. Fig. 1.

La simplicité et l'exactitude de la figure donnant une idée suffisante de la disposition générale du rouage, examinons ce qui doit résulter du mouvement de la roue de Saturne relativement à celle de Jupiter.

On a vu que la motrice 2 de la roue de Jupiter L est placée dans l'espèce de cage formée par la roue de Saturne, la pièce *rr* et les ponts *pp* : cette motrice est donc emportée par le mouvement de Saturne ; et comme la roue L ne peut pas se mouvoir sans sa motrice, elle sera nécessairement déplacée par la transposition. Au premier coup d'œil, on pourrait supposer que le mouvement de Jupiter est accéléré d'une révolution complète au bout d'une révolution de Saturne ; mais il faut considérer que la motrice est mise en mouvement par une roue tournant au centre de la machine dans une année commune, et dans la même direction que la roue de Saturne. La transposition autour de cette roue retranche donc nécessairement une révolution de la motrice de Jupiter à la fin de la révolution de Saturne. Supposons, pour un moment, que la roue 1 soit immobile : tandis que l'on fera tourner la roue de Saturne, il est évident que la roue 1 produira sur la roue 2 le même effet que si la roue de Saturne était immobile, et Fig. 1

que celle-ci fît une révolution contre l'ordre des signes : or, cette révolution ferait rétrograder la roue 2 de la valeur d'une année ou d'une révolution complète ; ce qui a véritablement lieu dans la composition et le jeu de cette machine.

La roue de Saturne, dans une de ses révolutions, n'avance donc la roue de Jupiter que d'une révolution, moins la valeur d'une révolution de sa motrice égale à une année tropique.

Le même effet a lieu pour la roue de Mars dont la motrice est emportée par la roue de Jupiter; car la roue de Mars ne pouvant pas tourner indépendamment de sa motrice 1, Jupiter, dans une de ses révolutions périodiques, avancera la roue de Mars d'une révolution, moins la valeur de la révolution de sa motrice.

Puisque la roue de Saturne accélère la vitesse de la roue de Jupiter, et la roue de Jupiter celle de Mars, il est nécessaire de déterminer la quantité de mouvement que ces roues se communiquent avant de chercher le rapport des nombres de leurs dents.

Si la roue de Saturne communiquait tout son mouvement à la roue de Jupiter, la révolution de cette planète serait accélérée à la fin de la révolution de Saturne de 11 ans 320 jours, durée de sa révolution périodique = 11 tours $\frac{320}{365\frac{1}{4}}$ de sa motrice; mais cette motrice étant obligée de faire une révolution contre son mouvement propre par sa transposition autour de la roue 1, il en résulte que la roue de Saturne ne donne pas tout son mouvement à la roue de Jupiter, mais seulement 10 ans 320 jours.

Pour trouver le nombre de dents qui convient à la roue de Jupiter, nous observerons d'abord que cette planète fait environ $2\frac{1}{2}$ révolutions pendant une révolution de Saturne; cherchant ensuite combien la roue de Saturne, dans une de ses révolutions, peut donner de mouvement à la roue de Jupiter, on trouve 3972 jours.

La roue de Saturne donnant à la roue de Jupiter une augmentation de vitesse de 3972 jours en 10743 jours, durée de la révolution de Saturne, on trouve une augmentation de 1603 jours durant une révolution de Jupiter que nous supposons d'environ 4337 jours. On trouvera donc, pour deux révolutions de Jupiter, 3206 jours = au mouvement qu'il pourrait faire pendant 8 ans 286 jours.

Cherchant ensuite combien la roue de Saturne, en 2069 jours qu'il reste encore jusqu'à la fin de sa révolution après les deux révolutions de Jupiter, peut donner de mouvement à celle-ci, on trouve 735 jours = 2 ans 35 jours.

L'accélération de la roue de Jupiter par celle de Saturne étant de 1603 jours durant une révolution périodique de Jupiter, l'accélération annuelle doit être de 135 jours.

La révolution de Jupiter n'étant en défaut, sur 12 ans, que de 45 jours, on conçoit que si l'on prend pour motrice de Jupiter une roue dont une ou plusieurs dents puissent représenter la valeur de ces deux nombres 45 et 135, il sera très facile d'exprimer la révolution de Jupiter. Prenant, par exemple, le nombre 24 pour celui des dents de la motrice, sa révolution étant de 365 $\frac{1}{4}$ jours, chaque dent répond à peu près à 15 jours, 3 dents à 45 jours, et 9 à 135.

Multipliant la motrice 24 par 12 on a 288, dont il faut retrancher 3 pour le défaut de 45 jours, et il reste 285; mais il faut ajouter 9 par chaque année pour le mouvement que donne la roue de Saturne à la roue de Jupiter. Multipliant 9 par 12 on a 108, dont il faut encore retrancher 3 pour le défaut de 45 jours dans la révolution de 12 ans, et il reste 105 qui, avec 285, fait 390 pour le nombre de dents de la roue de Jupiter, en prenant 24 pour motrice; mais comme ce nombre est plus grand que celui de la roue de Saturne, et que la roue de Jupiter est d'un moindre diamètre, on peut employer un pignon de 16, et une roue de 260, qui sont dans le même rapport que 24 et 390.

Nous avons démontré que la roue de Saturne donne à la roue de Jupiter, durant une révolution périodique de cette planète, une augmentation de vitesse de 1603 jours = 4 ans 143 jours. Examinons si le nombre 105 que nous avons ajouté à 285 renferme réellement cette durée: multipliant le nombre 105 par 15 jours 5 heures que renferme chaque unité, le produit est 1597 jours, qui est en défaut de 6 jours sur le nombre 1603. Pour corriger ce défaut, nous observerons que la valeur de chaque unité, du nombre 390, est égale à 15 jours 5 heures = 365 heures, et si l'on divise ce nombre d'heures par 5, on aura au quotient 73 heures : donc si l'on multiplie 390 par 5, et que l'on ajoute 2 au produit, on ajoutera 6 jours 2 heures, et le solide de la roue de Jupiter sera 1952. Multipliant aussi la motrice 24 par 5, on aura 120 pour solide du pignon; mais comme ces nombres sont trop grands, on les divisera l'un et l'autre par un diviseur commun : soit pris le nombre 8 pour diviseur, on aura 15 pour le pignon, et 244 pour la roue de Jupiter (1).

Mars achève sa révolution en une année 321 jours 20 heures environ, ou 687 jours 1 heure. L'influence de la roue de Saturne sur la vitesse de la roue de Jupiter étant bien en-

(1) Si j'avais connu la véritable durée des révolutions de Jupiter et de Saturne, je n'aurais pas fait une semblable opération pour rectifier le rouage; car le tems périodique de Saturne étant 10746 jours, il accélère celui de Jupiter de 3965 jours; par conséquent en 4330 jours, tems périodique de Jupiter, l'accélération est de 1597$^{j.}$,66, ou sensiblement la même quantité que j'avais trouvée en employant un pignon de 16 et une roue de 260.

tendue, on doit concevoir que le même effet a lieu à l'égard des roues de Jupiter et de Mars. La roue de Jupiter, dans l'espace de 11 ans 320 jours, durée de la révolution de cette planète, accélère la roue de Mars de 321 jours 20 heures, et par conséquent en 687 jours 1 heure, durée de la révolution de Mars, elle est accélérée de 50 jours 23 heures; c'est la quantité qu'il faut ajouter à la durée de la révolution pour détruire l'avance que lui cause la roue de Jupiter, et l'on a 738 jours = deux révolutions de sa motrice, et a une partie de révolution = 7 jours 14 heures.

Connaissant l'excès de 7 jours 14 heures que doit avoir la révolution de la roue de Mars sur deux révolutions de sa motrice, il faut, comme ci-devant, prendre un nombre dont l'unité renferme environ 7 jours 14 heures; on trouve 48 qui approche le plus près, comme on peut le vérifier en divisant $365\frac{1}{4}$ jours par 7 jours 14 heures: prenant donc 48 pour motrice, on aura 96 pour les deux révolutions; ajoutant une unité pour les 7 jours 14 heures qui forment l'excès des deux révolutions de la motrice, on a 97 pour la roue de Mars (1).

C'est ainsi que je raisonnais en composant cette machine. Une seule pensée me soutient en écrivant ces détails ennuyeux, c'est que je serai entendu par ceux qui ne sont pas habitués aux procédés mathématiques; et malheureusement c'est encore le plus grand nombre parmi les artistes.

Prenons pour termes les véritables durées des révolutions, et résumons ce qui précède. En 10746 jours 19 heures = 257923 heures, durée de la révolution de Saturne, la roue de Jupiter est accélérée de 3965 jours 8 heures = 95168 heures:

---

(1) Chaque dent vaut $7^{j.}\ 14^{h.} + 37'$, et les nombres 45 et 91 approcheroient davantage de la véritable révolution de Mars.

donc en 4330 jours 14 heures = 103934 heures, durée de la révolution de Jupiter, la roue de Jupiter sera accélérée par la roue de Saturne de 1597 jours $21^{h.},2 = 38349^{h.},2$.

La durée de la révolution de Jupiter doit donc être de 142283 heures, parceque dans cet espace de tems elle fera une révolution sur la roue de Saturne; mais la roue de Saturne l'aura avancée de 38349 heures : il y aura donc alors 38349 heures qu'elle aura fait une révolution par rapport au cercle extérieur divisé en 360 degrés, et cette révolution aura duré 103934 heures = 4330 jours 14 heures. Ainsi le pignon doit être 11 et la roue 211.

En 4330 jours 14 heures = 103934 heures, durée de la révolution de Jupiter, la roue de Mars est accélérée de 321 jours 16 heures = 7720 heures; par conséquent en 16486 heures, durée de la révolution de Mars. L'accélération est de 1224 heures; ainsi la motrice doit être 49 et la roue 99.

Les révolutions de Mercure et de Vénus autour du Soleil sont produites, comme il est aisé de le concevoir à l'inspection de la figure, par l'excès de la vitesse du Soleil sur la vitesse de Mars. Les motrices de ces deux planètes étant fixées sur la roue de Mars, cette roue ne peut pas marcher d'occident en orient que les roues de Mercure et de Vénus ne marchent d'orient en occident : ainsi la vitesse de Mars retarde celle de Mercure et de Vénus. Le calcul de ce rouage exige donc une vitesse plus prompte, au lieu d'un mouvement ralenti qui résulte des combinaisons précédentes. L'un n'étant pas plus difficile que l'autre, je me borne à indiquer les nombres que j'avais employés ; savoir, pour Mercure $\frac{12}{82}$, et pour Vénus $\frac{53}{71}$.
Fig. 1. Les deux roues fixées sur la pièce fg sont 71 et 82; les deux autres tournent avec les vitesses de Mercure et de Vénus.

Le mouvement de la Lune est composé de deux roues et deux pignons, dont les rapports sont comme 81 : 2392, qui répondent à une révolution de 29j. 12h. 44′ 26″ ⅕, trop longue de 23″⅕. Cette révolution se compte en tems solaire moyen, quoiqu'elle soit conduite par un pignon fixé sur l'axe de la Terre, qui tourne avec la vitesse du jour sidéral, parceque l'une des roues est placée sur le cadran *h*, fig. 3, qui fait une révolution dans une année moyenne, et déplace continuellement cette roue. Il faut donc que les révolutions se comptent par les retours du méridien au midi du cadran, et ces retours sont les termes des jours moyens. Fig. 3.

L'exécution de cette machine fut terminée en 1769, et je me proposais d'y ajouter les révolutions des satellites de Jupiter et de Saturne, lorsque l'un de ces incidens qui influent sur le reste de la destinée des hommes vint empoisonner les plus belles années de ma vie à Besançon (1).

Les révolutions des satellites ne présentent pas plus de difficultés que celles de Mercure et de Vénus autour du Soleil; le rapport des roues aux pignons est même plus facile à calculer, parcequ'il n'y a point de décomposition de vitesse, au lieu que dans les révolutions de Mercure et de Vénus les

---

(1) « Ah ! malheur, mille fois malheur à qui entre dans le monde sans « connaissances sur le frêle appui d'un cœur profondément sensible ! Si cet « homme est né avec de grands talens, et que les passions germent dans son « cœur avant qu'il ait eu le tems de déployer ces talens, c'est un homme « perdu ; et s'il est né sans fortune, il s'en souviendra trop tard.... »

Par une de ces bizarreries qui n'appartinrent jamais qu'à mon étrange destinée, ce portrait effrayant de ressemblance se trouve sous presse au moment où mon ami Détrey m'annonce que l'objet de tant de peines a vécu, et que cette passion douce dont le feu pénétrant vivait encore sous les glaces de l'âge ne lui a pas inspiré un acte de justice....!

Multis ille bonis flebilis occidit;
Nulli flebilior quàm mihi....

Horat., l. I, od. xx.

motrices se meuvent avec la vitesse de Mars, tandis que les roues menées sont transportées autour d'elles avec la vitesse du Soleil.

Pl. I, fig. 6. A la place de la petite aiguille *b* qui porte la planète de Jupiter, fig. 6, si l'on met une platine circulaire, fig. 5, sur laquelle on puisse monter le rouage du satellite, ce rouage, emporté autour d'une roue immobile *c*, tournera comme si cette roue était mobile, et que la platine fût stable avec tout son rouage.

La platine tournant avec la vitesse synodique de la planète, les roues et les pignons doivent être dans les rapports des tems synodiques des satellites au tems synodique de la planète. Voici un exemple de la marche que j'avais suivie.

Soit le premier satellite de Jupiter dont la révolution est de 1j. 18h. 22′ = 2542′, réduisant de même la révolution synodique de Jupiter en minutes, on a 573840′; divisant le plus grand nombre par le plus petit, on a pour quotient 225′,743 = 225′ 44″ 36‴; d'où l'on voit que l'unité est à 225′ 44″ 36‴ comme 2542 : 573840. Mais la durée de la révolution n'étant pas renfermée dans un nombre de même espèce, il faut l'y rappeler en multipliant 1 et 225 par un nombre dont une ou plusieurs unités renferment la valeur des 44′ 36″. Soit le nombre 54 pris pour multiplicateur, on aura ce nombre pour solide des pignons, et 12150 pour solide des roues; ajoutant 40 à ce dernier pour la valeur des 44′ 36″, on aura 12190 pour le véritable solide des roues; et le rapport sera si rapproché de celui de 2542 à 573840, qu'il n'y aura pas plus de 10‴ d'erreur; car si l'on divise 573840 par 2542, on a pour quotient 225′ 44″ 36‴; divisant de même 12190 par 54, on a 225′ 44″ 26‴ : ainsi le rouage donne à très peu près la révolution cherchée.

Dans cette construction la vitesse augmente en raison de

la diminution du diamètre des roues menées, puisque la vitesse de la roue motrice est moindre que la vitesse des satellites. Dans la révolution qui nous a servi d'exemple, le mouvement du satellite est 179 $\frac{1}{7}$ fois plus rapide que le mouvement synodique de Jupiter, représenté par la roue motrice *c*, fig. 6. Il faudrait au contraire que le mouvement de la motrice fût plus prompt que celui du satellite; mais cela est impraticable dans cette machine, à cause de la vitesse annuelle conservée au centre de toutes les orbites pour transmettre le mouvement périodique et synodique de chaque planète.

J'avais calculé les rouages de tous les autres satellites; mais il est vraisemblable que si les circonstances m'eussent alors permis de suivre ce travail, j'aurois construit une machine particulière pour chaque système, et employé la vitesse du jour moyen pour la roue motrice.

Nous exposerons ci-après, pour les satellites, des combinaisons de roues infiniment plus sûres et plus exactes, dans lesquelles la vitesse diminuant en raison de l'augmentation du diamètre des roues menées, le jeu des engrénages ne peut occasionner aucune erreur sensible.

OBSERVATIONS.

1° Les platines AB, CD seraient hors de proportion avec le reste de la machine si on l'exécutait d'après la figure. Ces platines devaient renfermer le rouage d'une horloge destinée à donner le mouvement diurne à la Terre, et par suite à toutes les planètes. Pour cet effet, l'axe qui reçoit la manivelle M aurait eu des pivots assez longs pour opérer le déplacement du pignon *e* par un mouvement latéral, et suspendre son engrénage avec la roue au moyen d'un plan incliné qui aurait mis en même tems le planétaire en communication Pl. I, fig. 5.

avec la seconde roue de l'horloge. Cette roue, tournant avec la vitesse de 24 heures de tems solaire moyen, aurait donné à la Terre un mouvement accéléré par une suite de roues dont le rapport eût été dans la raison de 13552 à 13515, et son méridien *mm* aurait marqué les heures et les minutes sidérales sur le cercle extérieur divisé en 360 degrés.

$\frac{\text{R. } 13552 = 88 \times 154}{\text{R. } 13515 = 85 \times 159}$, l'erreur de ce rouage est au dessous de 4″ par année, et donnerait à la Terre une accélération diurne de 3′ 55″ 53‴,46.

2° Les dimensions des roues et de la cage AB, etc. sont telles que je les avais exécutées; mais les distances des planètes sont réduites de moitié : ainsi la roue 4 du mouvement synodique de Saturne devrait être placée à une distance double, qui aurait exigé une planche trop étendue; les roues 7, 9, Mercure, Vénus et le Soleil seraient plus éloignées dans la même proportion, et le diamètre des roues de Mercure et de Vénus suivrait aussi la même loi, etc. Avec toutes ces attentions et une main-d'œuvre soignée, cette machine représenterait très exactement les apparences du mouvement des planètes à l'égard de la Terre.

Nous avons développé, dans cette partie de notre ouvrage, la représentation mécanique du système reproduit par l'abbé Tournier en 1745; c'est un hommage rendu à la mémoire d'un maître qui fut surtout recommandable par sa piété, sa modestie et son amour pour la solitude. Nous ajouterons à la notice insérée dans le Journal de Paris (février 1787) sur cette espèce de prodige, le rapport suivant que nous avons fait extraire des registres de l'Académie.

INSTITUT IMPÉRIAL DE FRANCE.

CLASSE DES SCIENCES PHYSIQUES ET MATHÉMATIQUES.

Le secrétaire perpétuel pour les sciences mathématiques certifie que ce qui suit est extrait des registres de l'Académie royale des Sciences.

Séance du samedi 20 juillet 1743.

Rapport sur un projet de sphère envoyé par M. Tournier.

Nous avons examiné, par ordre de l'Académie, un projet de sphère qui marque chaque jour l'équation ou la différence entre le mouvement vrai ou apparent du Soleil et le mouvement moyen, envoyé par M. Tournier, prêtre de Saint-Claude en Franche-Comté.

Cette sphère, par le moyen d'un quart de cercle ajusté sur son support, et divisé en ses degrés, peut être disposée suivant toutes les élévations du pôle. La Terre est placée au centre de cette sphère, et n'a d'autre mouvement que de tourner sur son axe, portant avec elle son horizon et son méridien. Sur l'axe de la Terre est un cadran divisé en 24 heures, sur lequel le méridien marque les heures par le moyen d'une petite aiguille qu'il porte avec lui. Ce cadran fait sa révolution en même tems que le Soleil, c'est-à-dire en un an. Le Soleil se meut sur l'écliptique en 365j. 5h. 49′ 33″, et l'écliptique coupe obliquement l'équateur terrestre, faisant avec lui un angle de 23 degrés ½ ou environ, comme dans la sphère de Ptolémée. L'auteur suppose l'écliptique excentrique à la Terre; d'où il suit, dit-il, que, quoique les mouvemens de la Terre et du Soleil soient uniformes, ils doivent néanmoins nous paraître irréguliers : ce qui vient de l'obliquité de l'écliptique sur l'équateur, et de son excentricité. L'auteur s'étend beaucoup pour prouver cette proposition.

Dans cette sphère, M. Tournier dit qu'il en a pratiqué une autre pour le mouvement de la Lune, par le moyen de laquelle on peut connaître l'heure de son lever et de son coucher, son apogée et son périgée, sa déclinaison boréale et australe, ses nœuds, et leur mouvement contre l'ordre des signes en 18 ans 228 jours ou environ, son mouvement tant périodique que synodique, et enfin les éclipses tant de cet astre que celles du Soleil.

Tout ce que cet auteur dit de l'excentricité de l'écliptique, de son obliquité sur l'équateur terrestre, du mouvement diurne de la Terre autour de son axe, et du mouvement annuel du Soleil autour de la Terre, n'est appuyé sur aucune raison physique.

Ce que cet auteur dit touchant la cause de l'inégalité des jours vrais n'est pas nouveau, comme l'on sait.

Enfin M. Tournier n'ayant point fait connaître ni le jeu, ni la proportion des roues qui font mouvoir la Terre, l'écliptique, la Lune, les nœuds de la Lune, et toutes les autres parties de cette machine, nous ne pouvons porter aucun jugement sur sa bonté ou sur ses défauts. Nous croyons même que les pendules à équation qui sont aujourd'hui en usage égalent, du moins en justesse, cette sphère d'équation.

Signé Le Monnier, Cassini de Thury.

Certifié conforme à l'original,

Le secrétaire perpétuel, chevalier de l'empire,

Signé Delambre.

NOTES.

NOTE A.

Il a cet avantage qu'il n'est pas nécessaire que les étoiles fixes soient à une distance aussi prodigieuse que le demande le système de Copernic.

« La connaissance de la parallaxe annuelle nous conduirait à celle de la distance des étoiles, si cette parallaxe pouvait s'observer; mais puisqu'elle est insensible, on en peut conclure, au moins par exclusion, une des limites de cet éloignement.

« Soit S le Soleil, E une étoile, A B le diamètre du grand orbe que la Terre décrit chaque année, A le point où se trouve la Terre au 1er janvier, B le point où elle est au 1er juillet; la ligne A B étant dans le plan de l'écliptique, et l'orbite de la Terre étant conçue perpendiculaire au plan de la figure, l'angle E A B est la latitude de l'étoile quand la Terre est en A, et que l'étoile est en conjonction avec le Soleil; quand la Terre sera en B, l'étoile paraîtra sur le rayon B E, et sa latitude apparente sera l'angle E B C, plus grand que E A B, et la différence est l'angle A E B; enfin l'angle A E S, qui est sensiblement la moitié de A E B, à cause de l'extrême petitesse de A B, est *la parallaxe annuelle* en latitude. Pl. III, fig. 7.

« Pour que la latitude des étoiles paraisse la même en tout tems de l'année, il faut que leur distance soit si grande, que l'orbite de la Terre n'y ait aucun rapport sensible, et que l'angle A E S soit infiniment petit. (Copernic, liv. I, chap. 10.)

« Si la parallaxe absolue d'une étoile ou l'angle A P S était d'une seconde, le côté P S serait 206265 fois plus grand que le rayon A S de l'orbe annuel, qui est lui-même de 34357480 lieues. La parallaxe du Soleil étant de 8″,6, sa distance moyenne A S contient 23984 fois le demi-diamètre de la Terre; car le rayon d'un cercle est 23984 fois plus grand que le sinus de 8″,6 : donc si la parallaxe annuelle d'une étoile était seulement d'une seconde, sa distance serait de 7086740 millions de lieues, c'est-à-dire 7 trillions, etc. ou 4947 millions de fois plus grande que le rayon de la Terre. Mais il est vraisemblable que la parallaxe des étoiles n'est pas d'une seconde, même pour celles qui sont les plus proches de la Terre. Si elle était plus considérable, elle eût été certainement reconnue et démontrée par les moyens que présente aujourd'hui l'astronomie pratique.

« Ainsi la question de la parallaxe annuelle des étoiles fixes est résolue : la découverte de l'aberration a fait voir que les inégalités qu'on y aperçoit ont une cause toute différente ; et cette cause satisfait si bien à toutes les observations, qu'elle exclut absolument la parallaxe.

« Supposons cependant la parallaxe annuelle de l'orbe terrestre de 8", nous allons, d'après cette supposition, donner une idée de la distance des étoiles fixes, relativement à la distance de notre système planétaire : la comparaison suivante nous a paru propre à remplir cet objet d'une manière sensible (1).

« Qu'on se représente le Soleil comme un globe de 10 pouces = 120 lignes de diamètre (2), placé au milieu du grand bassin circulaire des Tuileries, la planète de Mercure sera représentée par un globule de $0^{l.}$,4382 circulant autour de lui à la distance de $34^{p.}$,709. Vénus le sera par un globe de $1^{l.}$,0337, éloigné du même centre de $64^{p.}$,854, et son orbite sera renfermée dans le bassin, qui a environ 22 toises de diamètre. Placez à $89^{p.}$,664 un autre globe de $1^{l.}$,0763 circulant à cette distance autour du Soleil : voilà la *Terre*, ce théâtre de tant de passions et d'intrigues, de misères et de larmes ! Un atome de $0^{l.}$,2938, placé à $32^{l.}$,441 de ce point, représentera notre Lune. Mars, sous un diamètre de $0^{l.}$,5599, circulera à la distance de 136 ,622, et son orbite n'atteindra pas le groupe d'Enée et Anchise, à l'entrée de la grande allée. Les quatre nouvelles planètes, Vesta, Junon, Cérès et Pallas, circuleront ensuite, la première à $212^{p.}$,77 ; la seconde à $239^{p.}$,15 ; la troisième à $248^{p.}$,12, et la quatrième, qui n'atteindra pas la statue de Jules César, à $248^{p.}$,73 (3). Jupiter, figuré par un globe de $11^{l.}$,6917, sera éloigné du point central de $440^{p.}$,508, et son orbite, qui dépassera d'environ 6 toises le groupe du Laocoon, sera la dernière que pourra renfermer le jardin des Tuileries, entre les grilles latérales et la façade du palais. Saturne, représenté par un un globe de $10^{l.}$,7458, fera sa révolution à $855^{p.}$,465 ; et ce rayon, prolongé

(1) Montucla, *Hist. des Math.*, tom. II, pag. 310.

(2) D'après cette dimension = au demi-diametre du Soleil, que nous avons représenté par la ligne A B, pl. 1, fig. 3, il faudrait diminuer de moitié tous les diamètres des planètes, fig. 2, pour représenter les rapports que nous allons établir.

(3) Les diamètres de ces quatre planètes sont très petits. M. Herschel ne donne pas 13 centièmes de seconde de diamètre à Pallas. Mais il parait qu'on n'a aucun moyen de s'assurer de ces quantités. (*Connaissance des tems*, annee 1804, page 470).

le long de la grande allée, arrivera à peu près à la perpendiculaire du Centaure, etc. Enfin la planète découverte par Herschel circulera à la distance de 1710$^{p.}$,967, sous la figure d'un globe de 4$^{l.}$,6637, et répondra à la grille du pont-tournant.

« Mais de là aux étoiles voisines l'espace est immense; car, d'après ces dimensions, la première étoile devrait être placée à une distance à peu près égale à celle de Paris à Marseille, en supposant la parallaxe de 8″. Que serait-ce si nous la supposions de 1 à 2 secondes? Une parallaxe de 2″ recule la plus voisine des étoiles fixes à une distance de 674 lieues; et en la supposant d'une seconde seulement, à une distance de 1348$^{l.}$,947. Ainsi notre système solaire, composé de nos onze planètes et de leurs satellites, est, dans la première supposition, à la distance des étoiles fixes les plus voisines, à peu près ce qu'est un cercle de 1710 pieds de rayon à un de 383544 toises qui lui serait concentrique. Qu'on juge par là du peu de place qu'y occupe notre Terre.

« J'avoue qu'en considérant ces vérités trop bien démontrées j'ai quelquefois regretté que le système ancien ne fût qu'une illusion; car au moins, dans ce système, l'homme placé au centre de l'univers paraissait être quelque chose dans les mains de son auteur : il pouvait s'enorgueillir un peu de ce qu'un si brillant spectacle avait été fait pour son utilité et son plaisir; mais, dans l'état réel des choses, qu'est-ce que l'homme? et qu'il a mauvaise grace de nourrir dans son cœur des sentimens d'orgueil!

« Après avoir vu à quelle prodigieuse distance doivent être les étoiles fixes, on ne sera pas étonné de l'extrême petitesse de leur diamètre apparent, et de l'impossibilité où nous sommes de déterminer leur grandeur absolue et leur véritable diamètre. Albategnius estimait le diamètre apparent des étoiles de 45″, Ticho le croyait d'une minute, Riccioli de 18″. (*Astronom. reform.*, pag. 359). Galilée et Képler étaient déja persuadés que les étoiles fixes étaient des soleils comme le nôtre, mais dans un éloignement prodigieux (Galilei, *Dial.* 3 *de mundi Syst.*; Képler, *Diss. cum nuncio syd.*), et que leur diamètre apparent était d'une extrême petitesse. Galilée avait observé que la Lyre n'avait pas plus de 5″ de diamètre; et Horoccius avertissait en 1639 que plus les lunettes étaient parfaites, plus elles faisaient paraître les étoiles petites, et semblables à des points lumineux. (Hevelius, *Venus in Sole visa*, pag. 139.)

« Képler, qui, avant la découverte des lunettes, donnait 4′ de diamètre à Syrius (*De stella nova*, cap. 16 et 21), fut ensuite persuadé (*Epit. astron.*, pag. 498) que les étoiles n'étaient que comme des points, d'autant plus petits que les lunettes étaient plus parfaites. Gassendi estimait Syrius de 10″. Huyghens trouva, par des expériences très délicates, que les étoiles étaient comme des points. Cassini, en 1717, jugeait le diamètre de Syrius de 5″, mais c'était avec une lunette fort commune.

« Il est aujourd'hui prouvé que quatre étoiles de la première grandeur, Régulus, Aldébaran, l'Epi de la Vierge et Antarès, n'ont pas 1 seconde de diamètre; car lorsque ces étoiles sont éclipsées par la Lune, elles n'emploient pas 2 secondes de tems à se plonger sous son disque; ce qui arriverait nécessairement si le diamètre de ces étoiles était d'une seconde. En effet, la Lune emploie environ 2 secondes de tems à avancer d'une seconde de degré : ainsi dans l'espace de 2 secondes de tems on verrait une étoile diminuer de grandeur, et disparaître peu à peu ; au contraire, les étoiles disparaissent en un instant; elles reparaissent avec la même promptitude et comme un éclair : donc le diamètre n'est pas d'une seconde. *Trans. philos.*, 1718, pag. 853.

« Si le diamètre d'une étoile était d'une seconde, et sa parallaxe d'une seconde, le diamètre réel de l'étoile serait égal au rayon du grand orbe, c'est-à-dire de 34 millions de lieues; mais il peut se faire que les parallaxes des étoiles soient plus grandes que leurs diamètres apparens, en sorte que le diamètre réel soit beaucoup plus petit que 34 millions de lieues : on ne peut encore rien décider là-dessus. *Astron. de la Lande*, tom. III, art. 2811. »

Le nombre des étoiles est si prodigieux, que La Caille, dans la seule partie australe, en a observé plus de 10 mille; et M. Herschel, avec un télescope qui grossit cinq à six mille fois, en a estimé 44 mille dans un espace de 8° de longueur sur 30 de largeur : il y en aurait à proportion 75 millions, en supposant qu'il y en ait dans toutes les parties du ciel à peu près le même nombre, quoiqu'à des distances très différentes.

« Mais enfin du système embrassez tous les corps;
De l'espace et des tems calculez les rapports;
Multipliez encor mille fois votre vue;
Dans l'abîme effrayant qu'offrira l'étendue,
Vous connaîtrez un point; l'ensemble illimité
Vous accable, en tous sens, de son immensité.
Osons nous élever; osons, parmi les mondes,
Franchir des vastes cieux les limites profondes :
Montons dans Syrius, et de cette hauteur
Abaissez un moment votre œil observateur.

A peine pourrez-vous, aux confins de la sphère,
Découvrir ce Soleil qui lance la lumière,
Ce canton détourné qu'on appelle Univers.
Imaginez alors, dans ses orbes divers,
Une chétive argile, une invisible terre;
Et sur les élémens de ce grain de poussière
Des atomes vivans, des États, des Cités,
Et des titres d'orgueil. . . . . . . ! »

NOTE B.

A l'égard du mouvement du Soleil et des planètes, qu'il supposait égal et uniforme sur leurs orbites, etc.

« C'était l'opinion des anciens astronomes. Ptolémée suppose que le Soleil tourne annuellement d'une manière uniforme dans un cercle dont C est le centre, tandis que notre Terre est placée en T. Cette différence CT, entre le point d'où nous observons et celui autour duquel se fait le mouvement réel, est la cause, selon lui, de l'inégalité apparente du Soleil. En effet, l'arc GAH étant plus éloigné de nous que l'arc OPD, doit paraître plus petit, même en le supposant égal et parcouru dans le même tems, parceque les objets paraissent d'autant plus petits qu'ils sont plus éloignés de nous. Pl. III, fig. 8.

« L'excentricité CT, qui était, suivant Ptolémée, de 415 parties, est, suivant les astronomes modernes, de 336 seulement. C'est environ un trentième de la distance du Soleil dont il est plus près de nous au mois de janvier qu'au mois de juillet.

« Dans cette hypothèse d'un cercle excentrique parcouru uniformément, il est aisé de connaître le lieu où doit être le Soleil, vu de la Terre, pour un tems donné, par exemple 30 jours après le passage du Soleil par l'apogée A; car au bout de 30 jours le Soleil doit avoir fait dans son cercle un arc AB de 29° 34', à raison de 59' 8" par jour, qui est son mouvement moyen : ainsi l'angle ACB est de 29° 34', et son supplément BCT de 150° 26'. Dans le triangle BCT l'on connaît le côté CB supposé de 10000, l'excentricité CT de 336, et l'angle compris; on cherchera, par la trigonométrie, l'angle CTB, qui sera de 28° 38' : c'est le chemin que le Soleil, vu de la Terre T, paraît avoir fait depuis qu'il est parti de son apogée A, au lieu de 29° 34' qu'il a faits réellement. La différence, qui est de 56', est l'équation, ou l'inégalité du Soleil; c'est la quantité dont il est moins avancé pour nous qu'il ne devrait l'être s'il avait fait tous les jours 59′ 8″, constamment et uniformément vu de la Terre, ou si la Terre avait été placée au centre C de son cercle, d'où elle l'aurait vu avancer toujours de la même quantité.

« L'angle ATB est le mouvement vrai depuis l'apogée, ou l'*anomalie vraie ;* l'angle ACB ou l'arc AB est le mouvement moyen, ou l'*anomalie moyenne ;* l'angle CBT, qui est leur différence, est l'*équation de l'orbite ;* ou l'équation du centre.

« Ce que nous venons d'expliquer par un cercle excentrique peut s'expliquer tout de même par un *épicycle* mis sur un cercle *homocentrique*, c'est-à-dire dont le centre réponde au centre même de la Terre (Copernic, liv. III, ch. 15). Soit la Terre T, ou le centre du cercle que le Soleil est supposé décrire, GHK l'épicycle, dont le centre B parcourt uniformément la circonférence NB d'occident en orient, tandis que le Soleil lui-même parcourt l'épicycle en sens contraire de G en H, ou d'orient en occident. On suppose que le point G, qu'on appelle l'apogée de l'épicycle, parcequ'il est le plus éloigné de la Terre, se soit trouvé sur le rayon TCNA, quand le centre de l'épicycle était en N ; on prend l'arc GH égal en nombre de degrés à l'arc NB, et le point H est le lieu où doit être le Soleil, tandis que le point B est le centre de l'épicycle. Si nous prenons ensuite TC, parallèle et égal à BH, et que du point C, comme centre, nous décrivions un autre cercle AHPF, dont le rayon CA soit égal à TB ou TN, ce cercle AHPF sera précisément la même chose que l'excentrique décrit par le Soleil dans l'hypothèse précédente, tel que le supposait Ptolémée.

Pl. III, fig. 9.

« Si nous considérons le point H de la première hypothèse (fig. 8) comme étant le vrai lieu du Soleil lorsqu'il avait décrit réellement AH, nous trouverons que l'angle ACH est le même dans les deux cas et dans les deux figures ; c'est le mouvement réel du Soleil, tandis que le mouvement apparent, vu du point T, est plus petit, ou d'un moindre nombre de degrés que AH, parcequ'il est vu de plus loin, la distance TA du Soleil dans l'apogée étant plus grande que la distance CA. L'arc AH décrit sur l'excentrique dans la première hypothèse est le même que l'arc NB décrit par le centre de l'épicycle dans la seconde hypothèse ; l'un et l'autre est proportionnel au tems, c'est-à-dire augmente de 59′ 8″ par jour : l'inégalité dans la première hypothèse consiste en ce que l'arc AH est vu du point T, au lieu d'être vu de son centre C ; et dans l'hypothèse des épicycles, c'est toujours la quantité AH, vue du point T, qui est le véritable mouvement du Soleil, puisqu'il était en A au commencement du mouvement, et qu'il se trouve parvenu en H. La seule différence est que cet arc A H n'est pas décrit directement, mais qu'il est le résultat de deux mouvemens qui produisent le même effet. Quand le centre de l'épicycle est arrivé au point E, le Soleil étant à la partie inférieure de l'épicycle se trouve en P; et comme il avance toujours dans le même sens, il paraît avoir une vitesse plus grande, puisque les deux mouvemens qui vers A se détruisaient en partie, se réunissent dans le dernier cas. Ainsi l'on explique également dans ces deux hypothèses l'inégalité apparente du Soleil, vu de la Terre, en supposant le mouvement égal et circulaire. (La Lande, *Astron.*, tom. I, pag. 287.)

NOTE C.

Par la composition de ces deux mouvemens, les cinq planètes principales décrivaient réellement les lignes épicycloïdales, etc.

« Comme les inégalités du mouvement des planètes, savoir, leurs accélérations, retardemens, stations, rétrogradations, s'observent à chaque révolution synodique, il faut supposer que chaque planète parcourt la circonférence entière de son *épicycle*, d'occident en orient, c'est-à-dire de G en L, dans le tems de sa révolution synodique, qui est bien différent de celui qu'elle emploie à faire sa révolution périodique : de sorte qu'on suppose que le centre B de l'épicycle de Saturne, par exemple, achève sa révolution sur le cercle B D F A (ce qui est sa révolution périodique) dans l'espace d'environ 30 ans, pendant que Saturne, placé en G sur son épicycle, parcourt la circonférence G L K H de cet épicycle dans l'espace d'un an et environ treize jours; ce qui est le tems de sa révolution synodique, c'est-à-dire de son retour au Soleil. Pl. III, fig. 9.

« Supposons la Terre T (fig. 10) placée au centre du monde : V Z S X Y la courbe que décrit le Soleil autour de la Terre; C D E F G une portion de l'orbite de Jupiter; Jupiter placé sur son épicycle en P, et en opposition avec le Soleil qui est en S; alors Jupiter est périgée. Dans l'espace de 6 mois et environ 17 jours, le Soleil aura parcouru la portion S X Y V de son orbite, et se trouvera en V; mais pendant le même tems le centre C de l'épicycle sera allé de C en D, et Jupiter aura parcouru la moitié P K B de son épicycle, et le point B, ainsi que Jupiter, se trouvera en A. Jupiter sera donc alors en conjonction avec le Soleil et apogée, ce qui est conforme aux observations. Six mois et environ dix-sept jours après, le Soleil aura parcouru la portion V Z S X de son orbite, et Jupiter aura parcouru l'autre moitié de Fig. 10.

son épicycle, dont le centre sera allé, pendant ce tems-là, de D en E. Jupiter se trouvera donc en P en opposition avec le Soleil X et périgée ; ce qui est encore conforme aux observations : de sorte que, pendant une de ses révolutions synodiques, Jupiter aura paru parcourir la courbe P*f*A *g b e p*. Pour les mêmes raisons, pendant la révolution synodique suivante, Jupiter paraîtra parcourir la courbe *p d g a h* H, et ainsi de suite.

« Ces épicycles pourraient représenter assez exactement les apparences, pourvu qu'on donnât à Mercure et à Vénus le même excentrique qu'au Soleil. A l'égard des planètes supérieures, Mars, Jupiter et Saturne, il faudrait les placer sur des épicycles dont les demi-diamètres fussent égaux à la distance du Soleil à la Terre, puisque, dans les oppositions de ces planètes avec le Soleil, elles se trouvent plus près de la Terre de deux fois cette distance qu'elles ne le sont dans leurs conjonctions. » (Brisson, *Dictionn. de phys.*, tom. I, pag. 558. Cassini, *Elémens d'astron.*, pag. 9.)

TROISIEME PARTIE.

Construction d'une Machine planétaire plus complète que celles qui ont été exécutées jusqu'à ce jour.

Tandis que l'arbitre de l'Europe, à six cents lieues de sa capitale, dirige, sous un autre ciel, les vastes conceptions du génie et de la politique, dans l'obscurité de notre retraite, sans mission ni titre, nous osons former une entreprise bien au dessus de nos forces au moment où nos facultés intellectuelles sont près de s'éteindre; mais un regard favorable du grand Napoléon, un coup d'œil de Marie-Louise, le desir d'être utile à l'instruction du Prince auguste appelé à succéder à tant de gloire et à porter tant de diadèmes : que faut-il de plus pour relever notre courage, soutenir notre espoir, et nous livrer avec une nouvelle activité à la culture d'un art où nous obtînmes quelques succès!

Nous sommes au bout de notre carrière; mais, dans un siècle aussi fertile en miracles, un seul mot du Chef suprême de l'instruction publique en peut ouvrir une plus belle, et notre travail aura du moins le mérite de l'aplanir.

Après avoir exposé les motifs qui nous ont porté à publier en français les principes de construction du Planétaire d'Huyghens, nous ne pouvons toutefois dissimuler que cet instrument n'est pas complet : il ne représente ni la rotation diurne de la Terre, ni le parallélisme de son axe, et par conséquent la vicissitude des saisons, ni le mouvement de la Lune en latitude, ni celui de ses nœuds, ni les révolutions des satellites, etc.; et s'il nous est permis, comme mécanicien, de le juger sous un autre rapport, nous dirons qu'il est d'une exécution difficile (1); car la roue de Saturne, par exemple, qui a dix pouces de diamètre et la forme d'un anneau roulant sur sa circonférence extérieure, exigerait plus de travail que six autres roues de quatre à cinq pouces qui tourneraient sur leur centre.

Ceci confirme une observation que tout artiste d'un certain ordre peut avoir faite plus d'une fois; c'est que les savans ne raisonnent pas toujours juste sur les opérations de la main-d'œuvre dans l'exécution des machines, parcequ'ils regardent cette partie (plus importante qu'on ne pense) comme indigne de leurs méditations. Huyghens, qui formait lui-même les objectifs de ses télescopes (2), ne peut pas mériter ce reproche. Mais sans chercher nos exemples dans les siècles passés, pourra-t-on jamais croire qu'un astronome distingué propose sérieusement de nos jours, comme un moyen de perfection, de *dorer les pivots des horloges astronomiques et des montres marines* (3)?

M. de Fleurieu avait improuvé cet article avant qu'il fût inséré dans la Connaissance des tems; et sa publicité, si elle était sans réclamation, nous rendrait la fable d'un peuple voisin, bien connu par ses lumières et son instruction dans cette partie. L'honneur des artistes français nous fait donc une loi de protester contre une *idée* si impraticable en horlogerie, qu'on ne pourrait la réfuter *sérieusement* sans se rendre profondément ridicule.

Nous nous prosternons devant le génie de l'immortel Newton

---

(1) Ce qui est un grand défaut dans une machine.

(2) *De formandis poliendisque vitris à telescopia.* Opusc. posth., p. 267.

(3) *Connaissance des tems*, année 1812, page 297.

et de ses illustres successeurs; mais nous sommes persuadés que, dans notre art, leurs plus savantes formules n'atteindraient pas quelquefois des quantités que nous saisissons à l'aide de l'espace et du tems, quoique nous ne soyions qu'un très faible écolier dans la géométrie transcendante (*note* A.)

Ce n'est pas ici le lieu de discuter des principes dont les conséquences étonneraient l'imagination la plus active (1), si les merveilles de l'horlogerie nous étaient moins familières: revenons à notre sujet.

Le Planétaire d'Huyghens n'exécute que neuf révolutions avec vingt-quatre roues et pignons, sans y comprendre le rouage de l'horloge, que l'on ne doit pas considérer comme partie constitutive de la machine, mais comme un agent extérieur destiné à la faire mouvoir.

Les autres planétaires décrits dans le Recueil des machines de l'Académie, tom. I (*note* B); dans les Œuvres d'Horrebow, tom. III (*note* C); dans les Leçons de physique de Nollet, tom. VI; dans Fergusson (*Astronomy explained*), et qu'en Angleterre on appelle des *Orreries*, du nom de milord ORRERY qui en avait fait exécuter plusieurs, ne remplissent pas entièrement la destination de ces machines, qui doit être d'expliquer le système du monde jusque dans le moindre détail, sans déplacer aucune pièce et faire de nouvelles dispositions mécaniques pour passer d'un phénomène à un autre.

D'après ces considérations, nous nous sommes proposé,

---

(1) Le régulateur d'une montre marine fait ordinairement cinq vibrations par seconde = 18000 par heure = 432000 en un jour. Ces machines ne varient pas quelquefois au-delà d'une seconde en 24 heures : il faut donc que chacune des oscillations du balancier ne soit altérée que de $\frac{1}{432000}$ de sa durée; et cette précision étonnante n'est point l'effet du hasard, elle est une conséquence nécessaire des principes constitutifs de ces précieux instrumens.

en composant une machine de cette espèce, de représenter les périodes de toutes les planètes, depuis la Terre jusqu'à l'orbite immense d'Herschel;

Les révolutions des satellites de Jupiter, Saturne, etc.; la rétrogradation des nœuds de la Lune, des points équinoxiaux, et par conséquent les éclipses du Soleil, de la Lune, et la précession des équinoxes;

D'exprimer toutes ces révolutions en unités de la même espèce, et d'en coordonner les rapports par la fonction invariable d'un rouage, dont le premier mobile représente la vitesse du jour moyen;

De faire mouvoir cette roue primitive par l'action d'une manivelle disposée de telle manière, qu'en la tournant à droite ou à gauche, les planètes marchent toujours suivant l'ordre des signes, mais avec des vitesses qui seront entre elles comme un est à cent; et que, par un autre artifice de mécanique, l'on puisse également rétrograder vers les siècles passés.

Enfin nous nous sommes proposé de donner au rouage assez de précision pour que, dans un espace de vingt siècles, cette machine puisse représenter, sans erreur sensible, la situation respective des corps célestes, soit entre eux, soit à l'égard de la Terre; de la rendre si facile à gouverner, si sûre dans ses effets, qu'un enfant puisse la faire mouvoir, et qu'aucune fonction ne puisse être troublée sans fracture.

Nous allons exposer par quels moyens nous sommes parvenu à représenter un aussi grand nombre de phénomènes et des périodes si inégales, que la première se mesure par une fraction de jour, tandis que la dernière ne s'achève qu'en plus de 25 mille ans (1); des révolutions d'autant plus difficiles

(1) C'est le mouvement des étoiles en longitude, ou la précession des équinoxes. Cette période est de 25696 ans = 1° 24′ 3″,6 par siècle.

à exprimer, que la plupart d'entre elles s'accomplissent autour de centres qui se meuvent sur la circonférence d'autres orbites, etc.

Explication des principales parties de la figure 1, *planche IV.*

AA, BB. Les deux grandes platines entre lesquelles sont placées les roues des révolutions périodiques des planètes.

a a. Piliers qui assemblent ces platines.

CD. Roue de champ et roue plane unies ensemble et ne formant qu'une seule et même pièce. Le canon de cette double roue tourne sur un axe d'acier fixé à la platine BB, et se prolonge jusqu'au rouage supérieur *s s* où il porte la petite roue *r*.

EFG. Trois roues du mouvement annuel de la Terre autour du Soleil.

b c d. Les trois pignons de ce rouage, dont le premier *b* est fixé sur l'axe horizontal, qui porte la manivelle M.

G. Roue annuelle.

e. Petite roue fixée sur la roue annuelle G; elle conduit la roue *f*, dont l'axe porte la roue *g* engrénée dans la roue de Mars H, et les pignons *h i;* le premier engrène dans la roue de Jupiter, le second dans celle de Saturne.

H. Roue de Mars.

1 2. Petit bras porté par le canon de la roue de Mars, et qui fait marcher cette planète par le moyen d'une broche d'acier 2.

I. Roue de Jupiter.

k. Roue fixée sur la roue précédente; elle conduit la

roue A, figure 2, dont l'axe porte la roue B qui engrène dans la roue d'Herschel.

3 4. Bras porté par le canon de la roue de Jupiter; il fait mouvoir cette planète par le moyen de la broche 4.

K. Roue de Saturne.

5 6. Bras porté par le canon de cette roue pour conduire Saturne.

L. Roue d'Herschel.

7 8. Bras porté par le canon de cette roue, etc.

N. Roue dont le bout supérieur du canon reçoit et fait marcher la double roue de champ *nn*, motrice des satellites de Jupiter et de Saturne.

10. Roue qui reçoit le mouvement de la roue D, et le communique à la roue N par l'engrénage de la roue 11; le même axe porte la roue 12 qui engrène dans la roue O.

O. Roue dont le canon porte la roue de champ *oo*, motrice des satellites d'Herschel.

P. Rouage des satellites de Jupiter.

pp. Jupiter avec ses quatre satellites.

Q. Rouage des satellites de Saturne.

qq. Saturne avec son anneau, accompagné de sept satellites.

R. Rouage des satellites d'Herschel.

rr. Herschel avec ses six satellites.

ss. Rouages de la rotation diurne de la Terre sur son axe, et du parallélisme de cet axe; du mouvement périodique de la Lune, de celui de ses nœuds, et des révolutions de Mercure et Vénus autour du Soleil: tout ce système est porté par le canon de la roue annuelle.

S. Le Soleil.

m. Mercure.

v. Vénus.

T. La Terre emportant avec elle un horizon H et un méridien M.

l. La Lune.

MM. Mars.

13. Pont qui supporte le bout du canon de la roue annuelle, et dans lequel tourne un des pivots de l'axe de la manivelle M. Ce pont est vu figure 2 avec le pont 14.

14. Pont placé au-dessus de la roue annuelle ; il porte un canon sur lequel tourne celui de la roue de Mars. Le canon de ce pont reçoit aussi, à son extrémité supérieure, la roue *o* et l'ajustement excentrique *p* sur lequel tourne la planète de Mars.

15. Pont placé au-dessus de la roue de Jupiter. Il porte un canon sur lequel tourne la roue N, et le bout supérieur de ce canon porte l'excentrique *q* sur lequel tourne la pièce qui entraîne Jupiter, ses satellites et leur rouage.

Z. Excentrique sur lequel tourne Saturne; il est porté par un canon rivé sur la platine AA.

W. Excentrique porté par un canon rivé sur la platine YY, et sur lequel tourne la planète d'Herschel.

zz. Piliers qui servent à fixer la platine YY sur la platine AA, pour former une seconde cage renfermant les deux roues de Saturne et d'Herschel.

Si l'on conçoit maintenant une cage formée par deux fortes platines carrées AA, BB, assemblées par les piliers *aa*, et solidement attachée sur une table circulaire (1), ce sera la Pl. IV, fig. 1.

---

(1) Cette table devrait avoir $5\frac{1}{2}$ pieds de diamètre ; car en prenant pour unité de mesure la distance de la Terre au Soleil, que nous avons faite de

base de notre machine; toutes les roues des révolutions périodiques des planètes supérieures seront renfermées dans cette cage, à l'exception des deux roues de Saturne et d'Herschel, placées au-dessus de la platine AA, dans une seconde cage formée par la petite platine circulaire YY et les piliers *zz*.

Un axe d'acier, élevé perpendiculairement au centre de la cage sur la platine BB, à laquelle il est fixé par une large assiette et les vis *ww*, sert de pivot au canon de la double roue CD, qui peut être considérée comme la roue primitive de la rotation diurne de la Terre, des révolutions périodiques de la Lune, et de tous les satellites. L'axe central porte l'image du Soleil S.

Les roues CD tournent avec une vitesse de 48 heures, qui leur est imprimée par l'action de la manivelle M placée sur un axe horizontal, qui est supposé faire une révolution en un jour moyen. Cet axe porte trois roues motrices dont la première *x* engrène dans la roue C, la seconde *y* dans le pignon *d*, et la troisième *b* (qui est le premier pignon du mouvement annuel) dans la roue de champ E, dont le pignon *c* conduit la roue F, et le pignon *d* de cette dernière engrène dans la roue annuelle G.

La roue de champ *y* tourne librement sur l'axe de la manivelle M; elle y est retenue par une virole d'acier contre le plan d'un rochet qui forme encliquetage sur cette roue. La roue F est également libre sur l'axe du pignon *d*, et retenue contre la face de ce pignon par un autre rochet qui forme

---

15 lignes, Jupiter serait placé à 6 ½ pouces, Saturne à 12 pouces et Herschel à 2 pieds. Un cercle divisé en 360 degrés, distribués en 12 signes, renfermerait cette dernière orbite; et lui donnant 26 pouces de rayon, chaque degré aurait environ 5 ½ lignes d'étendue, et pourrait être subdivisé de 12 en 12 minutes, dont les intervalles auraient encore un peu plus d'une ligne.

un second encliquetage, et dont les dents sont inclinées du même côté.

Si l'on tourne la manivelle à droite, l'action du pignon *b* fait tourner la roue de champ E à gauche, et son pignon *c* fait marcher la roue F dans le sens contraire; alors l'action du cliquet placé sur cette roue s'oppose au côté droit des dents du rochet, et le pignon *d* est forcé de marcher avec sa roue, en conduisant à la fois la roue annuelle G et la roue de champ *y* dont l'encliquetage est libre dans cette direction du mouvement. Si, au contraire, on tourne la manivelle à gauche, le rochet entraîne la petite roue de champ *y*, et celle-ci le pignon *d* qui mène encore la roue annuelle G, tandis que la roue F tourne librement à gauche par le dégagement de son cliquet. Effets de la manivelle.

Le mouvement à droite répond à la vitesse du jour solaire moyen pour chaque tour de la manivelle M; le mouvement à gauche est cent fois plus rapide et se fait toujours selon l'ordre des signes. Par un troisième artifice de mécanique, on peut aussi rétrograder avec la dernière vitesse. Nous n'avons pas représenté cette fonction qui, vu son extrême simplicité, ne saurait échapper aux artistes qui ont l'habitude de réfléchir, et qui voient ce qu'ils regardent.

Le canon de la roue annuelle G tourne immédiatement sur celui de la double roue CD; mais le bout inférieur du premier est supporté par un pont 13, vu en entier figure 2, pour éviter la résistance que la pesanteur de tout le rouage *ss*, porté par le canon de la roue annuelle, opposerait au mouvement de la roue CD. Nous expliquerons ci-après la disposition de ce rouage sur une figure de plus grande dimension. Fig. 2.

La roue annuelle porte une petite roue *e* qui engrène dans la roue *f*; son axe porte la roue *g* motrice de la roue de Mars, et les pignons *hi*, dont le premier fait tourner la roue de Jupiter I, et le second la roue de Saturne K.

Le pont 14 tient à un canon sur lequel tourne la roue de Mars; le bout de ce canon porte la roue *o*, qui par conséquent est immobile ainsi que l'ajustement excentrique *p* sur lequel tourne la planète de Mars.

La roue de Jupiter I porte une seconde roue *k* qui conduit la roue A figure 3, que l'on voit dans la direction de la ligne ponctuée; l'axe de cette roue porte une seconde roue B qui engrène dans la roue d'Herschel L dans la direction d'une autre ligne. Le pont C est destiné à recevoir le pivot supérieur de l'axe du pignon 12 vu dans le prolongement de la ligne qui lui correspond dans la première figure. Le canon de la roue de Jupiter entraîne le bras 3, 4 qui conduit cette planète placée, avec le rouage de ses satellites, sur la pièce *tt* mise en équilibre par le contre-poids *t* 3 (1).

Fig. 3.

Un troisième pont 15 passant au dessus de la roue de Jupiter porte un canon dont l'extrémité supérieure tient à l'excentrique autour duquel tourne cette planète. Le canon de la roue N tourne sur celui de ce pont, et conduit la double roue de champ *nn* qui, d'un côté, fait tourner les satellites de Jupiter, et de l'autre les satellites de Saturne, par une disposition dont nous allons rendre compte.

Satellites de Jupiter.

Un axe *ab* placé parallèlement à la pièce *tt* chargée de tout le système des satellites de Jupiter, porte deux pignons dont l'un *a* est assez long pour renfermer, dans l'étendue de ses

(1) Toutes les pièces faisant la même fonction, à l'égard des autres planètes, doivent être disposées de la même manière. Nous avons négligé cette représentation pour donner plus de netteté à la figure, et ne pas multiplier les lignes. La *menée* doit se faire aussi par la partie opposée à la planète, afin que sa vitesse soit plus prompte dans le périgée et plus lente dans l'apogée.

ailes, la différence de distance du périgée à l'apogée de la planète, et l'empêcher de sortir de la circonférence dentée de la roue *n n* qui le conduit. Dans la position actuelle de la figure, Jupiter étant dans son apogée, le pignon engrène par son extrémité du côté du *tigeron* de son axe; mais si la planète était dans son périgée, les ailes du pignon engrèneraient à l'autre extrémité à droite. Le pignon opposé *b* fait tourner la roue de champ *c* dont le canon entraîne le premier satellite avec la vitesse de 1j. 18h. 28′ 36″; la roue *c* porte une seconde roue qui engrène dans la roue *d;* l'axe de celle-ci porte trois motrices qui conduisent les roues 2, 3, 4, des second, troisième et quatrième satellites avec leur vitesse respective.

La même disposition a lieu pour les satellites de Saturne. La roue de champ *a* conduit le premier satellite avec la vitesse de 0j. 22h. 40′ 4″,6 (1); cette roue porte une motrice qui engrène dans la roue *b*, dont l'axe porte quatre autres motrices qui mènent les roues correspondantes 2, 3, 4, 5 avec les vitesses des second, troisième, quatrième et cinquième satellites. La roue 5 qui tourne avec la vitesse de 4j. 12h. 27′ 55″, porte une roue *c*, laquelle engrène dans la roue *d;* et l'axe de celle-ci porte deux pignons, dont l'un conduit la roue 6 du sixième satellite, et l'autre la roue 7 du septième qui achève sa révolution en 79j. 22h. 3′ 12″.

Satellites de Saturne.

Enfin le rouage des satellites d'Herschel est encore disposé de la même manière que le précédent. La roue de champ *c* tourne avec la vitesse du premier satellite = 5j. 21h. 25′; elle porte une motrice *d* qui engrène dans la roue *e*, dont l'axe porte quatre motrices qui conduisent les roues des second, troisième, quatrième et cinquième satellites. Cette dernière

Satellites d'Herschel.

(1) Les astronomes désignent par 7e et 8e les deux satellites les plus rapprochés de Saturne, et découverts par M. Herschel.

tourne avec la vitesse de 38j. 1h. 49′, et porte la motrice *a* qui engrène dans la roue *b;* la motrice fixée sur le même axe fait tourner la roue du sixième satellite avec la vitesse de 107j. 16h. 40′.

Toutes ces révolutions présentent d'assez grandes difficultés, parce que les rouages qui les expriment sont transportés le long de la circonférence de l'orbite de chaque planète autour des deux roues de champ *nn, oo,* qui en sont les motrices; et comme ces motrices tournent en sens contraire du mouvement de transposition, elles comptent une révolution de plus à la fin de la révolution de chaque planète principale. La durée des tems périodiques des satellites est donc altérée d'une quantité multipliée par le nombre de tours que font les pignons qui engrènent dans les roues de champ, pendant une révolution de ces mêmes roues.

Par les travaux que nous avons faits en ce genre, nous nous sommes familiarisé le calcul des rouages et la décomposition des nombres. Nous n'attachons *aucun mérite à ces recherches ;* mais elles nous ont prouvé qu'il est rarement possible d'obtenir des rapports exacts ou très rapprochés des tems des révolutions que l'on veut représenter sans employer au moins deux roues et deux pignons, lorsque, par la nature de la construction dont elles font partie, ces roues doivent être légères et peu *nombrées* (1). Nous n'avons pas cherché à nous restreindre dans ces limites; néanmoins les trois systèmes de satellites représentés dans ce Planétaire ne comprennent que 34 roues et 13 pignons. Si l'on ajoute 6 roues et 3 pignons pour transmettre le mouvement sur l'orbite de la planète prin-

---

(1) Expression technique : *n'ayant qu'un petit nombre de dents.* D'autres disent *nombreuses,* et nous doutons que l'on puisse employer ce mot dans cette acception. (*Connaiss. des tems,* année 1812, pag. 409, lig. 26.)

cipale et corriger en même tems la décomposition de vitesse occasionnée par son mouvement propre, on aura, tant roues que pignons, 56 mobiles pour exprimer les périodes de dix-sept satellites; ce qui ne paraîtra point extraordinaire aux artistes qui voudront bien prendre la peine de se rendre compte des fonctions de chaque rouage en particulier.

Il nous reste à expliquer l'effet du parallélisme de l'axe de la Terre, sa rotation diurne, le mouvement périodique de la Lune, la rétrogradation des nœuds de son orbite sur l'écliptique, les révolutions de Mercure et de Vénus autour du Soleil, et enfin la rétrogradation des points équinoxiaux.

Tandis que la Terre T est transportée le long de l'écliptique autour du Soleil S en une année moyenne, son axe *ab* doit rester perpendiculaire au plan de l'équateur céleste, et parallèle à l'axe du monde. Pl. V, fig. 1.

Pour représenter cet effet, nous observerons d'abord que la roue *o* est immobile sur le bout du canon porté par le pont placé entre la roue annuelle et la roue de Mars; cette roue immobile engrène dans la roue *p*, à laquelle est attachée une seconde roue *s*, qui engrène dans la roue *q*. L'axe de cette dernière porte le cercle *cd* dans le plan duquel sont montés les pivots de l'axe de la Terre.

Lorsque la Terre se rencontre dans le plan du grand cercle qui passe par les solstices et les pôles du monde, comme dans la position actuelle de la figure, le cercle *cd* doit se trouver dans ce plan; et à toutes les distances angulaires de la Terre aux solstices il doit rester parallèle au premier. Expliquons cet effet.

Parallélisme de l'axe de la Terre.

Si la roue *o*, immobile au centre de l'orbite terrestre, n'était pas en communication d'engrénage avec la roue *q*, le plan du cercle *cd*, porté par l'axe de cette roue, ayant été une fois dirigé au centre du Soleil S, y resterait constamment malgré sa transposition annuelle; mais la roue *o* communique avec la roue *q* par les intermédiaires *ps*, et comme toutes ces roues peuvent avoir le même nombre de dents, il résulte, de l'effet de la transposition, que la roue *o* fait réellement un tour par rapport aux autres roues; elle communique cette vitesse au cercle *cd* qui rétrograde d'une révolution, c'est-à-dire qu'il reste parallèle au plan du grand cercle qui passe par les solstices, et maintient l'axe de la Terre dirigé vers la même partie du ciel.

Puisque le cercle *cd* rétrograde d'un tour entier par rapport au centre du Soleil S pendant une révolution annuelle, le Soleil paraîtra faire une révolution diurne d'occident en orient par l'effet de cette rétrogradation; mais, par ce même effet, le pôle de la Terre tourne aussi autour de la roue *e*, et son engrénage avec la roue *b* fera faire un deuxième tour à la Terre, d'orient en occident, par rapport au Soleil S, durant la révolution annuelle : ainsi l'on ne compterait que 363 révolutions diurnes en 365 jours, si nous n'avions pas prévu cette décomposition de mouvement, et cherché le moyen de rétablir la vitesse détruite par la transposition des roues *p*, *s*, *q* autour de la roue *o*, et de la roue *b* autour de la roue *e*.

Nous avons dit que le canon de la roue qui tourne avec la vitesse de 48 heures porte une roue *r*; cette roue donne le mouvement à la roue A, et celle-ci à la roue B à laquelle elle imprime une vitesse de 24 heures, son diamètre étant à celui de la roue *r* comme 24 est à 48. Le canon de la roue B porte, à son extrémité supérieure, une roue *e* qui engrène dans la roue *b* placée sur l'axe de la Terre, auquel elle communique son mouvement.

La roue *o* tourne d'orient en occident, c'est-à-dire contre le mouvement annuel qui se fait autour d'elle et sur son centre. Par l'effet de la révolution annuelle, il résulte donc une révolution complète de la roue *o* : on a vu que cette révolution est égale à 48 heures ; elle aura donc fait faire deux révolutions à la roue *e* qui tourne avec une vitesse double, et cette vitesse sera communiquée sans perte au globe de la Terre T : mais la transposition de la Terre autour du Soleil avait détruit deux révolutions diurnes de son axe par l'effet des engrénages ; il fallait donc rétablir ces révolutions, et c'est pour y parvenir par un moyen simple, dérivé de la même cause, que nous avons donné une vitesse de 48 heures à la roue *r*.

Mouvement des nœuds.

L'axe de la roue *p* porte une troisième roue *x* qui engrène dans la roue N à laquelle elle donne un mouvement rétrograde = 6798j. 4h. Le canon de cette roue porte un plan *nn*, incliné sur le plan de l'écliptique, d'une quantité égale à la latitude moyenne de la Lune qui circule autour de la Terre par le moyen suivant : l'axe de la roue A porte un pignon 4 qui engrène dans la roue C, dont le pignon 5 conduit la roue de la Lune L. Cette roue porte un canon qui tourne sur celui du pont P ; le bout supérieur de celui-ci porte la roue *f*, qui par conséquent est immobile. Le canon de la roue L porte la pièce *gh* sur laquelle sont montées deux roues *iz* ; la roue *i* porte un axe percé dans toute sa longueur, dans la cavité duquel passe librement un axe plus fin *nl*, dont l'un des bouts pose sur le plan incliné *nn*, et l'autre porte le globe de la Lune figuré moitié blanc et moitié noir. Les petites roues *f*, *z*, *i* servent à diriger la partie éclairée de la Lune vers le Soleil ; ce qui présente successivement ses diverses phases à la Terre.

Mouvemens de Mercure et de Vénus.

La roue *x* engrène aussi dans la roue R, dont l'axe porte trois autres roues 1, 2, 3 ; la roue 1 conduit la roue de Mercure *m* ; la roue 3 conduit la roue de Vénus *v*, et la roue 2, par une roue intermédiaire (supprimée dans la figure), conduit la roue 7 dont le canon porte les excentriques figure 8, Fig. 8.

sur lesquels tournent les petits bras qui portent Mercure et Vénus; l'effet de ce double engrénage est de diriger les apogées de ces deux planètes vers les mêmes parties du ciel, malgré la transposition des motrices, etc.

Précession des équinoxes.

En supposant que les roues o, p, s, q contiennent chacune le même nombre de dents, l'équinoxe répondra constamment au même point du ciel; mais si l'on donne, par exemple, 60 dents à la roue o, 59 à la roue p, 60 à la roue s, et 61 à la roue q, ce rapport étant celui de 3600 à 3599, les équinoxes rétrograderont de 6′ par an, ou 1 degré en 10 ans, et feront le tour du ciel en 3600 ans. Si, au lieu de $\frac{60 \times 60}{59 \times 61}$ que nous venons d'employer, on prend $\frac{120 \times 120}{119 \times 121}$, le mouvement sera quatre fois plus lent, et les équinoxes rétrograderont de 1′ 30″ par an, ou un degré en 40 ans, etc. : d'où l'on voit que l'arrangement des roues est le même dans l'une ou l'autre vitesse, et que le tout est une affaire de nombres; car si l'on emploie $\frac{151 \times 170}{133 \times 193}$, la rétrogradation ne sera que de 50″ par an, ou un degré en 72 ans, et les équinoxes n'auront fait le tour du ciel qu'en 25670 années.

Explication des autres figures de la planche V.

Fig. 2. Le plan A, B, C, D présente le calibre du rouage que nous venons de décrire, sur une échelle un peu plus petite que celle du profil figure 1, et tel que nous l'exécuterions si l'on nous demandait cette partie seule, soit pour l'instruction publique, soit pour le cabinet d'un amateur.

Fig. 3. L'on pourrait construire cette partie à moindres frais en supprimant les platines vv, ww, figure 1, et faisant tourner les roues sur des broches d'acier placées dans les trous *a*, *b*, *c*, *d*, *e*, *f*, *g* pratiqués à la pièce AB aux mêmes positions où se trouvent ces roues sur le calibre, figure 2. Nous avions employé ce moyen en 1773 dans une petite sphère mouvante à laquelle, vu son peu d'importance et la médiocrité de son exécution, nous n'avions adapté qu'une manivelle pour la faire mouvoir (1).

Fig. 4. Partie excentrique sur laquelle tourne, entre deux plateaux *a b*, *c d*, et sur le diamètre *ef*, la pièce qui porte Saturne et le rouage de ses satellites.

Fig. 5. Plan de la pièce désignée ci-dessus: *ab*, creusure cylindrique dans laquelle se loge une partie du pignon qui engrène dans la roue de champ *nn*, fig. 1, planche IV; *c d*, ouverture longitudinale par laquelle cette pièce est conduite, au moyen d'une petite broche d'acier. Cette ouverture doit être pratiquée sur la partie brisée BB, prolongée à la même distance que la planète.

Fig. 6. Pièce qui porte Vénus dans la figure 1.

Fig. 7. Petit bras placé sur le canon de la roue de Vénus, et qui conduit la pièce précédente, etc.

Fig. 8. Excentriques sur lesquels tournent Mercure et Vénus dans la figure 1.

Fig. 9. Le globe de la Terre, avec son horizon mobile, vu en plan.

Nous avions le projet de faire graver une figure à part pour

(1) En 1806 nous avons placé cette vieille machine au dessus d'une horloge à ressort, à double face, portée par quatre sphinx en bronze, etc. Les spéculateurs l'ont fait passer à Londres, il y a quelques mois, sur un navire muni de licence.

la disposition du rouage propre à exprimer les mouvemens des quatre nouvelles planètes; mais nos planches se sont trouvées remplies avant que nous eussions arrêté cette construction, qui consiste à placer, sur le bras qui conduit la planète de Mars, une roue engrénée dans une autre roue immobile, fixée sur le canon qui porte l'excentrique de cette planète.

Cette roue, ainsi emportée autour de la motrice, tournera selon l'ordre des signes par son mouvement propre, et sera transportée dans la même direction par le mouvement de la planète; de sorte que si cette roue porte quatre motrices qui engrènent chacune dans une des roues des nouvelles planètes, on aura leurs périodes en disposant les nombres de telle manière qu'elles retardent, sur le mouvement de Mars, de la quantité exprimée par leur différence de vitesse : ainsi il n'y aura pas d'autres canons partant du principal corps de rouage, et la roue de Jupiter tournera également sur celle de Mars, etc.

On nous fera peut-être le reproche de n'avoir pas donné les solides des roues et pignons employés dans notre Planétaire pour exprimer un aussi grand nombre de périodes; mais nous avons fait nos preuves en ce genre dans des parties très difficiles, et nous ne craignons pas que l'on nous accuse de faire un secret de ce que nous ignorons nous-même. Nous avons considéré que Paris est plein d'intrigans (1) qui ne

---

(1) « Dans la première ville de commerce du monde la mauvaise conduite « est presque toujours l'unique cause de la pauvreté : à Paris, l'économie, « l'amour du travail, et même le talent, ne suffisent pas pour en garantir, si « la vocation, dont le hasard décide, se trouve inféconde : tant il est difficile « de l'y changer! *Ailleurs*, il ne faut qu'être habile et actif; on est dispensé « d'être intrigant pour arriver à la fortune : à Paris, sans intrigue, il faut se « condamner au moins à la médiocrité ». (Mirabeau, *à l'écrivain des Administrateurs de la Compagnie des eaux de Paris*, pag. 41.)

doutent de rien, et qui, en trouvant des calculs tout faits, oublieraient sans doute que *la noblesse est dans la bonne foi,* et parviendraient peut-être, à force d'impudence et de suggestions, à persuader aux autres que notre travail est le fruit de leurs veilles. Des hommes assez distingués par leurs talens pour n'avoir pas besoin de s'emparer du peu de gloire qui peut nous revenir, ont employé tant de petits moyens pour nous rabaisser à leur niveau, qu'il faut bien nous résoudre à poser sur un granit informe, également inaccessible à la morsure du serpent et à la rouille de l'envie.

Nous n'avons pas le génie d'Huyghens, et nous éprouvons un sort pareil; comme lui on cherche à nous dépouiller. Nous avons bien moins à perdre que cet illustre géomètre; et s'il ne put étouffer son ressentiment (*note* D), on nous pardonnera d'avoir exprimé le nôtre *avec une dureté que la nature n'a mise ni dans notre esprit ni dans notre cœur.*

Il ne nous convient pas de juger si le Planétaire que nous venons de décrire, et que nous croyons plus complet, sous plusieurs égards, que ceux d'Huyghens, de Roemer, etc. peut remplir l'objet de nos vœux; c'est aux personnes qui seront appelées à faire l'éducation d'un Prince auquel se rattachent aujourd'hui les destinées de l'empire qu'il appartient d'apprécier le degré d'utilité qui pourrait en revenir; et nous ne craignons pas de le soumettre au jugement d'hommes connus pour mettre la froideur de la Sagesse et l'impassibilité de la Justice au rang de leurs premiers devoirs.

NOTES.

NOTE A.

Une horloge à pendule, destinée aux observations astronomiques, pourrait, par exemple, s'arrêter tout à coup, après avoir marché l'espace de vingt ou trente années, sans qu'il fût possible à l'observateur de la faire marcher de nouveau, le rouage restant parfaitement libre, et la machine n'offrant, dans chacune de ses parties, aucun désordre apparent.

M. Charles, l'homme le plus familiarisé avec les instrumens de physique, et celui qui connaît le mieux l'art de rendre la science aimable, en a vu la démonstration sensible sur une horloge à demi-secondes du meilleur tems de Ferdinand Berthoud.

A raison de sa petitesse, nul instrument connu n'aurait pu mesurer l'angle et la profondeur d'une empreinte prismatique formée par le couteau de suspension du pendule sur l'un des coussinets qui le supportent, cette empreinte ne s'apercevant qu'à l'aide d'un microscope.

En supposant que l'horloge n'eût marché que l'espace de trente ans (elle est exécutée depuis plus de quarante-cinq), l'empreinte serait le produit d'environ deux milliards d'actions; car le pendule faisant 172800 vibrations par jour, 10957 jours produiraient 1893369600 vibrations pour réduire l'arc de supplément à zéro, et suspendre la marche de l'horloge.

Avec de semblables données, les seules que l'observateur puisse établir, on ne calculerait pas la résistance qu'une altération presque invisible sur une surface d'acier poli et très dur opposait au mouvement du pendule.

Mais si l'horloger, ayant fixé la suspension contre un mur, et fait décrire au pendule des arcs de $5^{\circ} = 300'$, observe que ces arcs ont été réduits à 15' en 240'' ou 480 vibrations du pendule, comme dans l'horloge de M. Charles, et qu'après avoir réparé le coussinet, les mêmes arcs de 5° ne soient réduits à 15' qu'en 22800'' ou 45600 vibrations, il pourra déterminer, même avec précision, la résistance qu'éprouvait le pendule lorsque l'horloge s'est arrêtée.

Nous pourrions citer quelques exemples de ravages bien plus considérables occasionnés en peu de mois par les aspérités ou autres défauts d'exécution dans les pivots que l'on nous dispense de polir (*Connaissance des tems*, année 1812, page 297); mais, autant pour abréger cette note, déja trop longue, que pour rendre hommage au bon sens, nous finissons.

NOTE B.

Nous devons au génie de Roemer cinq machines composées de roues dentées, dont la première est celle des satellites de Jupiter, la seconde celle des satellites de Saturne, la troisième est la machine des planètes dont le principal artifice consiste dans la forme conique des roues (*note* pag. 33), la quatrième est celle que l'on trouve dans le Recueil des machines de l'Académie, tom. I, pag. 81, et la cinquième est la machine du mouvement de la Lune pour les éclipses. (*Ibid.* pag. 85.)

« Roemer, né à Arhus dans le Jutland en 1644, se rendit très habile dans les mathématiques, l'algèbre et l'astronomie. Picard, de l'Académie des sciences de Paris, ayant été envoyé en 1671, par Louis XIV, pour faire des observations dans le nord, conçut tant d'estime pour le jeune astronome, qu'il l'engagea à venir avec lui en France. Roemer fut présenté au Roi, qui le chargea d'enseigner les mathématiques au grand Dauphin, et lui donna une pension. L'Académie des Sciences se l'associa en 1672, et n'eut qu'à se féliciter d'avoir un tel membre. Pendant dix ans qu'il demeura à Paris, et qu'il travailla aux observations astronomiques avec Picard et Cassini, il fit des découvertes dans ces différentes parties des mathématiques. De retour en Danemarck, il devint mathématicien du Roi Christiern V, et professeur d'astronomie, avec des appointemens considérables. Ce prince le chargea aussi de perfectionner la monnaie et l'architecture, de régler les poids et mesures, et de mesurer les grands chemins dans toute l'étendue du Danemarck. Roemer s'acquitta de ces commissions avec autant d'intelligence que de zèle. Ses services lui mériterent les places de conseiller de la chancellerie et d'assesseur du tribunal suprême de la justice. Enfin il devint bourguemestre de Copenhague, et conseiller d'état sous le Roi Frédéric IV. Pierre Horrebow, son disciple, et professeur d'astronomie à Copenhague, y fit imprimer en 1735, in-4°, diverses observations de Roemer, avec la méthode d'observer du même, sous le titre de *Basis astronomiæ*. Roemer mourut en 1710, avec une réputation étendue ». (*Dictionnaire des grands hommes*, par une société de gens de lettres.)

NOTE C.

De Machina Planetarum Roemeriana.

§. 354. Machina hæc non contemnendi usûs est vel ipsis Astronomis, qui unico oculi jactu inde cognoscere possunt omnium planetarum primariorum loca, eaque, porrecto baculo, demonstrare, ut sæpius, si quid questionis habuerint præsentes ephemerides in hisce minus versatis non intelligendas tædiose evolvendi, et configurationes supputandi labore supersedere queant. Majori vero usui est tyronibus qui facile ex machinæ contemplatione non contemnendam astronomiæ ideam sibi comparare valent; quæ utilitas quoque ad docentem redundat, cujus labor et tædium in tradendo valde levatur; non enim facile ex parvis schematibus, in quibus nihil movetur, comprehendunt incipientes, in quo consistant planetarum directiones, stationes, retrogressiones. Præcipuus vero ejus usus est in commendanda astronomia Principibus et Magnatibus, quibus plerumque non conceditur tempus libros evolvendi, atque hæc sacra, diu multumque meditando, expendi : illi enim plerumque gaudent, sese post auditionem novem aut decem minutorum non pœnitendam hausisse cognitionem theoriæ planetarum, unde sæpius insignis existit astronomiæ et astronomi commendatio, ut nunquam non lætus discesserim post demonstratam machinam hanc Regibus, Principibus et Magnatibus : quibus si monstraveris accuratissima horologia, semper viderunt ornatiora; si optimas machinas commonstrans multa de observandis ac determinandis distantiis, angulis, rectascensionibus, declinationibus, longitudinibus, latitudinibus, etc. disserueris, acclamant triste suum *curiose* aut se non capere, sin hanc machinam monstraveris, aut interdiu stellam in machina æquatorea spectabilem, læti, sese ea vidisse aut percepisse, quæ non speraverant, dictitant.

(*Petri Horrebowii Op.*, tom. III, pag. 149.)

NOTE B.

Du Planétaire de Roemer.

§. 354. Cette machine est d'un usage précieux pour les astronomes mêmes, qui peuvent d'un coup d'œil y connaître les lieux des planètes principales, et les indiquer du bout de leur canne, s'il vient à en être question en leur présence, et se dispenser par là de les chercher dans les éphémérides, qu'il faudrait encore expliquer à ceux qui ne sont point versés dans ces matières, et calculer la marche et les configurations. Mais elle sera encore plus utile aux jeunes étudians, qui peuvent, à l'inspection de cette machine, se former une idée suffisante de l'astronomie. Les maîtres y trouveront aussi leur avantage, en ce qu'elle abrège leur travail, et rend sensible aux élèves ce qu'ils comprendraient difficilement par ces petites figures où rien ne se meut, quand on leur parle des directions, des stations et des rétrogradations des planètes. Mais son principal usage est d'inspirer le goût de l'astronomie aux Princes et aux Grands, qui souvent n'ont pas le tems de feuilleter les livres, et d'entrer par de longues méditations dans le sanctuaire de cette science; car ils aiment à acquérir par une leçon de quelques minutes la connaissance de la théorie des planètes, ce qui donne de la considération à l'astronome et à l'astronomie; et j'avoue que j'ai toujours goûté bien de la satisfaction chaque fois que j'ai eu l'occasion d'expliquer la machine aux Rois, aux Princes et aux Grands: montrez-leur les horloges les mieux soignées, ils en ont toujours vu de plus belles; mais si, en leur mettant sous les yeux d'excellentes machines, vous discutez sur les moyens d'observer et de déterminer les distances, les angles, les ascensions droites, les déclinaisons, les longitudes, les latitudes, etc. ils avouent tristement leur ignorance, ou la difficulté qu'ils ont à vous comprendre; mais montrez-leur le planétaire, ou bien, avec l'instrument équatorial, la marche d'une étoile en plein jour, ils vous disent avec joie qu'ils comprennent, et que vous leur avez fait voir des merveilles qu'ils n'auraient pas osé espérer.

(*OEuvres d'Horrebow*, tom. III, pag. 149.)

NOTE D.

« . . . . . . Similem quoque ab universis gratiam exspectandam censuissem atque a civibus suis Q. Marcius reportavit, si, quemadmodum res eventusque iidem ex intervallo redire solent, ita priscus candor et ingenuitas in terris aliquando reduces cernerentur. Verum hæ cum jam diu apud majorem hominum partem desitæ sint virtutes, contraque impostura et obtrectatio late omnia obtineant; quænam fortuna maneret inventum nostrum, simul ac vulgo innotescere cœpisset, facile equidem prævidi, neque me fefellit augurium. Ecce enim jam primum in patria hac nostra eo excessit quorundam tum audacia tum impudentia, ut nihil interdicto vestro deterriti, interpolare acceptum a nobis inventum, ac dein tanquam novum prorsus, nostroque etiam, si diis placet, præstantius jactare ausi sint. Atque hæc qui coram et ante oculos nobis fieri viderunt, nihilo meliora ab exteris regionibus imminere crebro admonuerunt. Nempe alibi quoque exorituros, et in gloriolam hanc nostram involaturos homines inique invidos, qui, forte an et sibi ipsis, certe orbi universo persuadere conentur, non hæc nostratis ingeniis deberi, sed a sua suorumve alicujus industria diu ante profecta fuisse ». (*Christ. Hugenii, Op. varia*, tom. I, dedicat.)

« . . . . . . J'avais lieu de croire que tout le monde éprouverait à mon égard les sentimens de reconnaissance que Q. Marcius trouva dans le cœur de ses concitoyens, si l'ingénuité et la franchise antiques reparaissaient sur la terre avec les événemens et les services rendus dans les intervalles où ceux-ci se reproduisent. Mais depuis long-tems ces vertus, chez la plupart des hommes, ont disparu pour faire place à un système d'imposture et de détraction qui gagne partout. Il était facile de prévoir quel serait le sort de mon travail aussitôt qu'il serait connu. Je n'ai point été trompé dans ma conjecture; car telles ont été, jusque dans notre patrie, l'impudence et l'audace de quelques personnages, que, sans égard pour votre défense, ils ont osé défigurer l'invention qu'ils avaient reçue de moi, et la publier ensuite comme une invention nouvelle et préférable à la mienne. Ceux même qui ont vu tout cela se passer sous leurs yeux m'ont souvent donné avis qu'on s'occupait du même objet chez les peuples étrangers; que des hommes iniques et jaloux viendraient s'emparer du peu de gloire que j'ai acquise par là, et chercheraient à faire croire à l'univers, et peut-être à se persuader à eux-mêmes, que ce n'est point au génie batave qu'on en est redevable, mais à leurs propres talens, ou à ceux de quelques uns de leurs compatriotes, etc. » (*Œuvres diverses d'Huyghens*, tom. I, dédicace.)

QUATRIEME PARTIE.

Des configurations des satellites de Jupiter, et de l'effet des parallaxes annuelles. Construction d'un Jovilabe, etc.

« Les satellites de Jupiter sont quatre petites planètes qui tournent autour de Jupiter (1). Galilée les appelait *Medicea sidera;* Hevelius les nommait *Circulatores Jovis, Jovis comites;* Ozanam les appelle *Gardes* ou *Satellites.* Ils servent continuellement aux astronomes pour déterminer les différences de longitudes entre les différens pays de la Terre.

« La découverte des satellites de Jupiter est due à Galilée; le 7 janvier 1610, en observant cette planète, il aperçut auprès d'elle trois petites étoiles fort brillantes dans une même ligne parallèle à l'écliptique, deux à l'orient, et la troisième à l'occident; il les prit d'abord pour quelques unes de ces étoiles fixes, qu'on ne peut apercevoir qu'à l'aide du télescope, et ne s'arrêta point à examiner leurs distances. Ce fut le lendemain qu'ayant encore observé Jupiter, il vit les trois étoiles à l'occident; il reconnut alors par leur configuration nouvelle et les circonstances du mouvement de Jupiter, qu'il fallait nécessairement qu'elles eussent changé de place : il attendit donc le 9 avec impatience; mais le ciel fut couvert. Le 10, il ne vit que deux étoiles à l'orient, et le 11 il ne douta plus qu'il n'y eût trois planètes tournant autour de Jupiter. Ce ne

(1) Comme nous l'avons indiqué dans la figure du Système du monde, planche I, et dans celle du Planétaire, planche IV.

fut que le 13 qu'il en vit quatre; il les nomma *astres de Médicis*, en l'honneur de l'illustre maison qui le protégeait. Après les avoir observées pendant deux mois, il publia ces découvertes et ces observations au commencement du mois de mars suivant (1), époque mémorable, et que l'on peut regarder comme celle du triomphe de la saine astronomie physique, sur les préjugés de l'ancienne philosophie. Galilée observa ces nouvelles planètes autant qu'il le put les années suivantes; il s'en forma une sorte de théorie, et il osa, au commencement de 1613, prédire leur configuration pour deux mois consécutifs (2).

« Simon Marius, mathématicien du marquis de Brandebourg, assura les avoir vues dès le mois de novembre 1609 (3); il publia même des Tables de leurs mouvemens; mais elles se trouvèrent très défectueuses.

« On n'eut de Tables un peu exactes des mouvemens des satellites qu'en 1668, par Dominique Cassini (4); il en publia d'autres en 1693. Pound en donna aussi en 1719, dans les Transactions philosophiques, n°. 361. Les Tables de Bradley n'ont été publiées qu'en 1749. Jean-Dominique Maraldi, mort en 1788, s'en est occupé toute sa vie.

« Les Tables dont les astronomes se sont servis long-tems pour calculer les éclipses des satellites de Jupiter, sont de Wargentin; il en avait donné une première édition en 1741 (*Acta societ. Upsaliensis ad an.* 1741); M. de la Lande les

(1) *Sidereus nuncius, Florentiæ*, 1610. *Il Saggiatore*, 1613.

(2) *Lett.* 3ª *al S. Velsero.*

(3) *Mundus Jovialis*, anno 1609 *detectus, inventore et autore Simone Mario*, Norimb. 1614.

(4) *J. D. Cassini Ephemerides Bononienses mediceorum siderum. Bon.* 1668, *in-folio.*

fit réimprimer en 1759, considérablement augmentées par l'auteur, à la suite des Tables de Halley; il en donna une troisième édition en 1771, d'après un nouveau manuscrit de Wargentin.

« Les nouvelles Tables sont le résultat d'un travail immense de M. Delambre, dont la théorie des attractions mutuelles des satellites, donnée par M. Delaplace dans les Mémoires de l'Académie 1784 et 1788, a fourni la forme des équations.

« Pour distinguer les satellites de Jupiter l'un de l'autre dans les différentes positions, il est nécessaire d'avoir leurs situations apparentes, vues de la Terre, par rapport à la planète principale. Peiresc avait eu l'idée de représenter graphiquement, c'est-à-dire par des figures, les éclipses des satellites (*Gassendi in vita Peir.*); Cassini trouva ce moyen fort commode, et il se forma un instrument composé de cercles mobiles de carton; Weidler en a donné la description et l'usage. (*Explicatio Jovilabii Cassiniani*, 1727, *Witemb.* in-4°.)

« Flamsteed construisit un instrument, en 1685, pour trouver en tout tems la situation des satellites, et leur configuration (*Philos. Trans.*, n°. 178); on en trouve un autre décrit par Wiston (*the Longitude discovered by the Jupiter's planets, London,* 1738). Celui de Roemer est décrit dans les Œuvres d'Horrebow, tom. III, ch. 14, pag. 115, etc. »

En 1789, je construisis une machine de cette espèce, qui faisait partie des fonctions de la sphère mouvante, décrite dans l'Histoire de la mesure du tems, tom. II, pag. 207. En voici la disposition particulière pour servir à calculer les éphémérides des mouvemens des satellites, et trouver, d'une manière très expéditive, leur configuration pour toutes les heures du jour, soit pour les tems à venir, soit pour le passé, pourvu que l'on ait placé une fois Jupiter à sa longitude géocentrique, et chacun des quatre satellites à sa longitude jovicentrique, pour une époque quelconque.

Pl. VI, fig. 1. On voit d'abord l'écliptique divisé en douze signes et en 360 degrés. Ce cercle est mobile, et tourne avec la vitesse du mouvement de Jupiter; en sorte que l'index A, fixé par une vis à la platine intérieure, qui est immobile, marque la longitude héliocentrique de cette planète. L'index B indique le lieu de Jupiter, vu de la Terre ou sa longitude géocentrique; l'angle formé au centre de l'instrument, et mesuré par l'arc AB, est ce que l'on nomme l'angle de commutation ou *la parallaxe.*

En dedans de l'écliptique est un cercle divisé en 365 jours distribués en douze mois. Les jours sont marqués par l'aiguille C, qui fait une révolution dans une année. Les petits globes 1, 2, 3, 4 représentent les quatre satellites de Jupiter, qui font leur révolution, sur leurs orbites respectives, autour de cette planète, par la fonction du rouage intérieur.

Le cadran D indique les heures du jour; E, le jour de la semaine; F, l'heure du passage de Jupiter au méridien; et par conséquent l'aiguille de ce cadran tourne avec la vitesse synodique de cette planète, et fait marcher l'index B, avec les fils *parallactiques ab,* par le moyen d'un rouleau placé hors du centre de mouvement de la roue qui porte l'aiguille, sur un rayon égal au sinus de l'arc de 11°, qui est la plus grande parallaxe de Jupiter dans les distances moyennes. G indique l'année courante; H, l'ombre de Jupiter projetée à l'opposite du Soleil.

Fig. 2. La figure 2 représente le plan ou calibre du rouage, dont on ne voit qu'une partie dans le profil fig. 3, d'où nous avons abaissé des lignes ponctuées sur les pièces correspondantes dans le plan.

La ligne AB, dans la direction du centre de l'instrument au

centre du cadran D (fig. 1), représente la position de l'axe horizontal, qui porte une roue de champ *p* (fig. 3).

Les roues 1, 2, 3, 4 sont celles que l'on voit sous les mêmes n^{os}. dans le profil; elles sont fixées sur le même axe, et tournent avec la vitesse d'un jour moyen = 24 heures; elles engrènent dans quatre autres roues *a*, *b*, *c*, *d*, qui sont placées au centre, et portent les quatre satellites. La première motrice, ou pignon 1, engrène d'autre part dans la roue C, qu'elle fait tourner avec la vitesse de $7^{j.} = 168^{h.}$; son axe porte l'aiguille de la semaine sur le cadran E (fig. 1).

Le pignon de la roue C engrène dans la roue D, et le pignon de celle-ci dans la roue annuelle, dont le diamètre se trouve confondu avec celui de la roue *d*, mais que l'on voit dans le profil (fig. 3) au dessus de la platine AB, qui porte un canon sur lequel tourne celui de cette roue E; elle porte l'aiguille C (fig. 1).

La roue annuelle engrène dans la roue F, qui porte un pignon *e*, conduisant la roue G; celle-ci tourne avec la vitesse synodique de Jupiter = $398^{j.}\ 19^{h.}\ 12'\ 54''$; son axe porte un petit plateau *tt*, sur lequel est fixé un cylindre d'acier qui conduit l'alidade LL par une ouverture *r* pratiquée dans sa largeur. Ce même axe porte une seconde roue H, qui engrène dans la roue I; et cette dernière porte une roue *k*, qui fait marcher l'anneau denté MM avec la vitesse périodique de Jupiter. Cet anneau porte le cercle des signes et degrés, qui tourne sur la circonférence extérieure du cercle des jours et des mois, où il est retenu par le tambour TT, qui renferme le rouage (fig. 3).

On voit que, dans la disposition de ce rouage, il n'y a qu'une seule roue avec sa motrice pour exprimer chacune des révolutions des satellites. On y peut employer les nombres suivans, qui (à l'exception de 39 et 69) ne sont que des multiples des nombres employés par Roemer (*Petri Horrebowii Op.*, tom. III, pag. 116.)

Satellites.	Pignons.	Roues.	Durée des révolutions.				Erreurs.
Premier.	39.....	69 =	1^{j.}	18^{h.}	27′	36″	— 1′
Second.	27.....	96 =	3	13	20	0	+ 3 6″
Troisième.	18.....	129 =	7	4	0	0	+ 0 24
Quatrième.	8.....	134 =	16	18	0	0	— 5 7

La révolution du premier satellite serait trop courte d'une minute, celle du second trop longue de 3 minutes 6 secondes, celle du troisième de 24 secondes, et celle du quatrième trop courte de 5 minutes 7 secondes.

Cette approximation serait bien suffisante pour une machine destinée à l'enseignement; mais si l'on voulait en faire usage pour le calcul des éphémérides, et former les configurations des satellites, il faudrait employer deux roues menées et deux roues motrices. Le tableau suivant offre des nombres qui n'exigent pas des roues d'un grand diamètre, et qui expriment des révolutions très approchantes des véritables.

Révolutions synodiques des satellites de Jupiter.

Motrice de 24 heures = 86400″.

Satellites.	Solides. Roues.	Durée des révolutions.				
Premier.	P. $\frac{969 = 19 \times 51}{1715 = 35 \times 49}$ R. =	1^{j.}	18^{h.}	28′	36″	22‴
Second.	P. $\frac{646 = 19 \times 34}{2296 = 41 \times 56}$ R. =	3	13	18	1	6
Troisième.	P. $\frac{589 = 19 \times 31}{4221 = 63 \times 67}$ R. =	7	3	59	35	33
Quatrième.	P. $\frac{207 = 9 \times 23}{3468 = 51 \times 68}$ R. =	16	18	5	13	$\frac{1}{23}$

On trouverait des rapports plus rapprochés des véritables durées sans augmenter le nombre des roues, en prenant une autre unité de vitesse, par exemple, 120 heures. Nous avons calculé un grand nombre de ces révolutions, et nous en avons trouvé qui sont d'une exactitude surprenante.

Pour former la configuration des quatre satellites, telle qu'on la voit sur la ligne AB où Jupiter est supposé en I, on prend la distance du point 1 sur l'orbite du premier satellite, que l'on place sur la ligne AB à gauche de Jupiter, pour une lunette qui renverse, dans la direction des bandes que l'on aperçoit sur son disque, et qui sont à peu près dans le plan de son orbite. On placera de même les trois autres, et l'on figurera ainsi Jupiter accompagné de ses quatre satellites. Fig. 2

« Le chiffre qui indique le satellite se met entre Jupiter et le point qui marque la place du satellite, quand on voit sur le Jovilabe que le satellite se rapproche de Jupiter; au contraire, on met le chiffre au delà du point quand le satellite s'éloigne de Jupiter. Quand les satellites sont à droite ou à l'occident, et qu'ils s'éloignent (c'est-à-dire que le point est en dedans), c'est une preuve qu'ils sont dans la partie inférieure de leur orbite.

« On comprendra la raison de l'opération précédente, en considérant que les fils *a b* (fig. 1) marquent le rayon qui va de notre œil au centre de Jupiter; ainsi les satellites nous en paraîtront plus ou moins éloignés, suivant qu'ils seront plus ou moins à droite ou à gauche des fils, entre lesquels nous rapportons toujours le centre de cette planete. Il n'importe point qu'ils soient plus ou moins avancés le long de ces fils; il ne s'agit que de leur distance perpendiculaire au milieu des deux fils.

« On marque dans les configurations les tems où chaque satellite paraît sur le disque de Jupiter, ou se trouve caché derrière; cela est facile, parce que la distance des deux fils est égale au diamètre que Jupiter lui-même est supposé avoir en apparence. Ainsi quand le satellite est entre les fils, au dessus du centre, du côté de *m*, on juge que le satellite est derrière Jupiter; on juge qu'il paraît sur son disque, s'il est au dessous de Jupiter ou du côté de *n*. »

On y marque aussi les tems où le satellite est dans l'ombre sur la ligne menée du Soleil à Jupiter. Le cône d'ombre H est supposé avoir une largeur égale à la distance des deux fils *ab*, ou au diamètre apparent de Jupiter.

« Si l'on connaît l'heure du passage de Jupiter au méridien, on trouvera, à très peu près, la situation de cette ombre, Fig. 5. par le moyen du petit demi-cercle, fig. 5, où j'ai marqué *l'effet de la parallaxe*. Les heures du passage à gauche sont pour le soir, dans une figure redressée. Je suppose que Jupiter passe au méridien à 2 heures ou à 10 heures du matin, l'on abaissera du point marqué 2 et 10 une perpendiculaire sur le diamètre POR; la distance OS du centre à la perpendiculaire marquera la quantité dont l'axe de l'ombre est à droite des fils *ab*, sur la circonférence extérieure de l'écliptique.

« Le tems où il importe le plus de connaître la situation apparente des satellites de Jupiter, est celui des immersions et des émersions. On peut voir des Tables à ce sujet, données par Flamsteed (*Philos. Trans.* 1686, n°. 184), et par Whiston (*the Longitude discovered*, etc.); mais je trouve que cet effet peut se représenter par une simple figure, avec une précision suffisante, pour l'usage des observateurs.

Fig. 6. « Soit I le centre de Jupiter, environné des orbes de ses quatre satellites; IG la ligne des syzygies, ou l'axe du cône d'ombre; GE un arc de 11°, pris sur la circonférence de l'orbite du 4ᵉ satelite; cet arc étant égal à la plus grande parallaxe annuelle de Jupiter dans ses distances moyennes, et la Terre étant supposée en bas, dans la direction de la ligne EI, elle marquera le rayon visuel de la Terre, quand Jupiter est dans sa quadrature entre l'opposition et la conjonction, passant au méridien à 6 heures du soir; car alors nous voyons Jupiter 11° à l'occident de son vrai lieu héliocentrique, marqué par la ligne IG, c'est-à-dire à gauche, dans une lunette qui renverse. Si, par les points G, F, *g*, *f*, sur lesquels se trouvent les satellites en conjonction, on tire des parallèles à la ligne IE, telles que GD, FC, *g*B, *f*A, l'on aura les quatre points A, B, C, D, où les satellites doivent paraître à côté de Jupiter, au moment de leur conjonction héliocentrique; c'est sur la droite de Jupiter, après l'opposition.

« Dans les autres tems de l'année, et lorsque la parallaxe annuelle sera moindre que 11°, on trouvera la position du rayon visuel IE, qui est la ligne des conjonctions géocentriques, en décrivant sur l'arc EG, comme rayon, un demi-cercle divisé en degrés ou en heures. On prendra 30° en partant du point E de 6 heures; l'on y marquera 4h. et 8h., parce que Jupiter, étant éloigné de 30° de sa quadrature, passe au méridien environ à 8h. ou à 4h. du soir; et l'on tirera vers ce point de 4h. une ligne telle que IE.

« Lorsque Jupiter, après sa conjonction, passe au méridien le matin, c'est du côté droit ou dans la partie orientale qu'on doit tirer la ligne IE de la conjonction géocentrique; et les satellites nous paraîtront à gauche ou à l'occident de Jupiter dans le tems de leur conjonction héliocentrique supérieure.

« La même figure sert à trouver l'effet de la parallaxe annuelle en minutes; car si le passage de Jupiter au méridien arrive à 2h., on prendra la distance du point marqué 2h. à la ligne GL, ou la valeur de la perpendiculaire sur GL; ce sera la parallaxe annuelle exprimée en minutes, parce que la parallaxe ayant pour base le sinus de l'orbite terrestre, qui exprime la distance de la Terre à la conjonction, elle varie sensiblement comme les perpendiculaires dont nous venons de parler. »

Explication de la figure 3.

AB, CD. Sont deux platines assemblées par des piliers qui ne sont pas représentés dans la figure. Cette cage renferme tout le rouage de la machine; 1, 2, 3, 4 sont les motrices des quatre roues *a*, *b*, *c*, *d*, qui conduisent les quatre satellites. Le pivot supérieur de la roue G tourne dans une troisième platine W, qui forme une seconde cage avec la platine AB, sur laquelle elle est retenue par trois piliers. Ce pivot porte un carré saillant dans le trou 5 (fig. 1); il sert à faire avancer ou rétrograder le cercle de l'écliptique.

W. Troisième platine portant la division des mois et des jours, avec les cadrans D, E, F (fig. 1). Cette platine a deux ouvertures circulaires pour donner passage aux pinnules verticales *vv* de l'alidade LL; ces pinnules portent les fils *xx* (ou *ab*, fig. 1). L'alidade est conduite par un cylindre d'acier *r*, porté par le plateau *tt*, qui tourne avec la vitesse synodique de Jupiter.

pq. Axe horizontal sur lequel on adapte une manivelle pour faire mouvoir cette machine.

MM. Anneau denté dans sa circonférence intérieure (fig. 2); il tourne sur la circonférence extérieure de la platine W, contre laquelle il est retenu (avec la seule liberté de se mouvoir circulairement) par la boîte TT, dont le fond est fixé sur la platine CD par les pieds à vis RR.

I. Jupiter accompagné de ses quatre satellites portés par les roues *a*, *b*, *c*, *d*.

Des satellites de Saturne.

Satellites de Saturne.

Les satellites de Saturne sont si petits et si éloignés de nous (1), qu'on ne peut les apercevoir qu'avec peine avec les meilleures lunettes. On pourrait donc construire, sur le même principe, un instrument pour représenter leur configuration; mais il faudrait que cet instrument eût au moins 16 pouces de diamètre, afin de pouvoir donner à l'orbite du dernier satellite sa véritable proportion. Nous donnons ici, en faveur des amateurs qui seraient tentés de faire exécuter cette machine, les nombres des dents des roues propres à exprimer les tems approchés des révolutions synodiques.

Révolutions synodiques des satellites de Saturne.

Motrice de 24 heures = 86400″.

Satellites.		Solides. Roues.		Durée des révolutions.			
Premier.	P. R.	1600 = 32 × 50 3021 = 53 × 57	=	1$^{j.}$	21$^{h.}$	18′	54″
Second.	P. R.	1120 = 28 × 40 3069 = 33 × 93	=	2	17	45	51
Troisième.	P. R.	880 = 20 × 44 3977 = 41 × 97	=	4	12	27	58
Quatrième.	P. R.	387 = 9 × 43 6180 = 60 × 103	=	15	23	15	21
Cinquième.	P. R.	49 = 7 × 7 3916 = 44 × 89	=	79	22	2	27

On donnerait à l'écliptique la vitesse périodique de Saturne, que l'on obtiendrait, avec une approximation suffisante, par la roue annuelle, avec la fraction $\frac{1980}{58259}$; et par une révolution de 378$^{j.}$ 2$^{h.}$ 8′, on ferait conduire l'alidade ainsi que

(1) La distance moyenne de Saturne est de 327748720 lieues. (De la Lande, *Astron.*, art. 1398). Le premier et le second satellite ne se voient qu'à peine avec des lunettes ordinaires de 40 pieds.

l'aiguille du passage de Saturne au méridien. Prenant une motrice dont la vitesse soit de $120^{h.}$, la fraction $\frac{225}{17014}$ donnera une vitesse de $378^{j.}\ 2^{h.}\ 8'$, ce qui est suffisamment exact. La révolution synodique de Saturne est de $378^{j.}\ 2^{h.}\ 12'\ 38'',17$; mais on trouve qu'il y a $4'$ de moins dans ce siècle. (De la Lande. *Astron. tom.* I, *pag.* 458.)

« Au mois de septembre 1789, M. Herschel, ayant terminé son télescope de 40 pieds, a découvert un sixième satellite de Saturne plus près que les cinq autres, dont la révolution est de $32^{h.}\ 53'\ 9''$, et la distance à Saturne $35'',058$. Enfin, au mois d'octobre, il en a découvert un septième encore plus intérieur, dont la révolution synodique est de $22^{h.}\ 40'\ 4'',6$, et la distance $27'',366$, à la moyenne distance de Saturne; le sixième se voyait très bien avec le télescope de 20 pieds. Malgré la découverte de ces deux nouveaux satellites, on ne changera pas encore l'ordre suivi jusqu'à présent pour les cinq satellites de Saturne anciennement connus, et l'on appellera les deux nouveaux satellites le sixième et le septième (De la Lande. *Astron. art.* 3063) ».

Si l'on voulait représenter les périodes des nouveaux satellites, on y parviendrait rigoureusement avec les rouages que nous avons calculés.

$$\text{Sixième.}\quad \frac{\text{P. } 28800 = 20 \times 20 \times 72}{\text{R. } 39463 = 19 \times 31 \times 67} = 1^{j.}\ \ 8^{h.}\ \ 53'\ \ 9''$$

$$\text{Septième.}\quad \frac{\text{P. } 77760 = 30 \times 48 \times 54}{\text{R. } 73444 = 28 \times 43 \times 61} = 0\ \ 22\ \ 40\ \ 4,4$$

Enfin l'on peut construire un troisième instrument pour les configurations des satellites d'Herschel; mais nous nous dispenserons de nous arrêter plus long-tems sur cet objet, qui ne peut présenter aucune difficulté aux artistes qui auront conçu les principes sur lesquels le Jovilabe est construit.

CINQUIEME PARTIE.

ARTICLE PREMIER.

INSTITUT NATIONAL.

CLASSE DES SCIENCES PHYSIQUES ET MATHÉMATIQUES.

Le secrétaire perpétuel pour les sciences mathématiques certifie que ce qui suit est extrait du procès-verbal de la séance du 11 pluviose an VIII.

Rapport sur une sphère mouvante du citoyen Janvier.

En composant la machine qui est sous les yeux de la Classe, le citoyen Janvier s'est proposé de donner une démonstration sensible des effets du mouvement annuel du Soleil, combiné avec son mouvement diurne; de marquer à la fois le tems moyen, le tems sidéral, le tems vrai, la durée du jour, le lever et le coucher du Soleil pour un horizon quelconque; enfin le mouvement moyen de la Lune, tant en longitude qu'en latitude; celui de ses nœuds, ses phases, ses passages au méridien, son lever, son coucher, et ses conjonctions écliptiques.

Essayons d'exposer les moyens avec lesquels l'auteur est parvenu à présenter aux yeux tant de phénomènes et de mouvemens dans des plans divers; des révolutions si inégales, que les unes s'accomplissent en un an, en un mois, en un jour, tandis qu'une autre ne s'achève qu'en plus de dix-huit ans.

L'horloge qui donne le mouvement à toute la machine est à secondes, réglée par un pendule de compensation : l'échappement est à repos et à chevilles ; un poids en est le moteur, et on ne la remonte que tous les mois.

Elle présente deux faces qui portent chacune leur cadran. La première indique le tems moyen et le tems sidéral. Les heures paraissent à travers deux ouvertures pratiquées à la platine extérieure du mouvement ; les minutes et les secondes du tems moyen, mesuré par le régulateur, sont marquées par deux aiguilles concentriques à un même cadran. Celle des minutes indique de plus les minutes du tems sidéral sur un autre cadran concentrique au premier, mais qui a un mouvement rétrograde de 3′ 55″ 53‴,2 par jour.

La seconde face présente la révolution journalière du Soleil et de la Lune sur un cadran gradué en 24 et en 10 heures, avec leurs subdivisions en minutes. L'aiguille qui porte l'image du Soleil indique les subdivisions du jour solaire ; celle qui porte l'image de la Lune indique pareillement et sur le même cadran les subdivisions du jour lunaire et les phases de la Lune. L'angle formé par les deux aiguilles est la différence d'ascension droite entre le Soleil et la Lune.

Le mouvement de l'horloge est composé de cinq roues, dont les révolutions sont d'une minute pour la première : c'est elle qui porte l'aiguille des secondes ; de $7\frac{1}{2}$ minutes pour la seconde ; une heure pour la troisième : elle conduit l'aiguille des minutes ; la quatrième tourne en douze heures, et la cinquième en $66^{h.}$ 40′. Cette dernière est mue par le poids. En tournant, elle communique le mouvement à une autre roue, qui d'un côté mène le cadran des heures solaires moyennes, et de l'autre celui des heures sidérales qu'on aperçoit au bas de la platine (1). Comme ces cadrans tournent eux-mêmes sur leur centre, leurs aiguilles sont fixes. D'après le rapport des pignons aux roues, nous avons trouvé que l'un de ces cadrans fait 366 tours juste, dans le tems que l'autre n'en fait que 365. C'est un peu trop; car, au bout de 365 jours moyens, l'équinoxe n'est pas encore tout-à-fait à son 366e retour au méridien. Son angle horaire est de 14′ 19″,5 de degré, qui valent 57″,3 de tems sidéral. Il en résulte qu'au bout d'un an, le cadran sidéral est trop avancé de 57″,3, c'est-à-dire environ de la 62e partie d'une heure; en sorte qu'au bout de 30 ans, on pourrait être en doute entre une heure et la suivante (2): inconvénient très léger, et qu'il sera facile de faire disparaître aussitôt qu'il deviendra sensible. Il suffira de donner avec la clef un petit mouvement rétrograde à ce cadran; il n'en coûtera pas plus qu'il n'en coûte pour remettre ensemble l'aiguille des heures et celle des minutes d'une montre de poche, quand, par quelque accident, la première s'est écartée de la seconde.

Cette erreur n'a pas lieu dans le cadran mobile qui indique les minutes du tems sidéral: en voici la preuve.

La même roue qui porte le poids est encore celle qui donne le mouvement au cadran des minutes sidérales. Un pignon de 48 dents (3) fait marcher une roue de 263; celle-ci, par conséquent, fait un tour rétrograde en 365h. 16′ 40″; d'où il suit que la rétrogradation diurne est de 3′ 56″,532 de tems sidéral, qui valent 3′ 55″ 53‴,16 de tems moyen. L'artiste a fait graver ce nombre sur son cadran pour indiquer ce qu'il

(1) *Voyez* le frontispice.

(2) Une plus grande exactitude serait en pure perte, l'horloge ne pouvant marcher seulement dix années sans être démontée.

(3) Placé sur l'axe de la roue du poids qui a une vitesse de 66h. 40′.

a voulu obtenir, et que l'expérience décide si en effet il y est parvenu. Notre calcul se trouve d'accord avec le sien, c'est-à-dire que l'horloge doit véritablement exécuter ce que l'auteur s'est proposé. Mais ce qu'il s'est proposé est-il exactement conforme aux mouvemens célestes? c'est ce que nous allons examiner.

En supposant la durée moyenne de l'année de 365$^{j.}$ 5$^{h.}$ 48′ 48″, l'équinoxe passera au méridien 164809 fois en 164359 jours; ainsi le jour sidéral est au jour moyen en raison inverse de ces deux nombres. Le retard est de $\frac{450}{164809}$ = 3′ 55″ 54‴,5668. L'erreur est donc de 1‴,4 par jour, ou d'une minute en sept ans.

Cet écart est fort au dessous des irrégularités de la meilleure pendule, et l'on aurait pu très bien ne pas se donner beaucoup de peine pour le corriger, quand même on en aurait eu les moyens. Mais on sait qu'il ne suffit pas de trouver des nombres qui soient dans le même rapport que les révolutions, il faut encore que ces nombres soient décomposables, chacun en une même quantité de facteurs, dont les uns servent à diviser les roues, et les autres à diviser les pignons.

L'axe de la roue qui mène l'aiguille des minutes, prolongé jusqu'à l'autre face de l'horloge, y conduit une roue dont la révolution est de 24 heures, et l'axe de cette roue porte l'aiguille du Soleil : cette aiguille, par conséquent, indique les heures solaires moyennes et leurs subdivisions, qui sont marquées de 10 en 10 minutes, et comptées suivant les deux divisions du jour en 24 et en 10 heures. La roue de 24 heures, par le moyen d'une roue double, communique le mouvement à celle qui porte l'aiguille lunaire. Ces roues sont tellement combinées, que l'aiguille lunaire fait un tour de cadran en 24$^{h.}$ 50′ 28″ 17‴,3 tems moyen.

En calculant d'après les Tables astronomiques les plus

nouvelles, le retard diurne se trouverait de 2‴,44 plus fort (1). C'est environ une seconde par chaque mois lunaire; erreur insensible, surtout si l'on considère que l'office de cette aiguille est d'indiquer le passage moyen de la Lune au méridien; et il a lieu quand l'aiguille se trouve sur $0^{h.}$. Cette même aiguille, comme nous l'avons dit, indique les phases de la Lune, qu'on pourrait également conclure de l'angle compris entre les deux aiguilles.

Après avoir exposé le mécanisme de l'horloge, passons aux mouvemens de la sphère dont elle est surmontée.

Il serait trop long d'indiquer chaque roue et chaque pignon avec le nombre de leurs dents : nous avons tout calculé, et nous ne donnerons que les résultats qu'il importe de connaître pour juger la machine.

La roue qui conduit l'aiguille solaire du second cadran donne, par une suite de trois roues et autant de pignons, le mouvement à l'axe de la Terre, qui est aussi celui de la sphère. Cet axe fait sa révolution en $0^{j},9972620969 5$ de tems moyen, et cette vitesse est aussi celle du globe terrestre qu'on voit au centre de la sphère.

Le même axe entraîne dans sa révolution un méridien, qui au bout de $0^{j},9972621$ se retrouvera constamment vis-à-vis le même point de l'équateur céleste, et au bout d'un jour entier vis-à-vis le lieu moyen du Soleil.

Ce méridien porte un horizon auquel on peut donner une inclinaison quelconque par rapport à l'axe de la Terre. Alors il servira à distinguer la partie visible de la sphère d'avec celle qui est invisible, au moins pour le lieu qui compte les heures marquées par la pendule, et qui a une latitude égale à l'angle

(1) Les solides 6077 et 6290 ou 13552 et 14027 donnent une révolution encore plus exacte.

que fait l'horizon avec l'axe de la Terre. C'est ainsi qu'on peut trouver les heures du lever et du coucher du Soleil et de la Lune, qu'on voit circuler l'une en un mois, l'autre en un an, l'une au dedans, l'autre au dehors de la sphère, par un mécanisme ingénieux dont nous allons tâcher de donner quelque idée.

L'axe de la Terre, par une suite de trois roues dont le solide est à celui de leurs pignons comme 840160 : 2294, fait tourner l'axe de l'écliptique en 365j,24. C'est dans ce même tems que le Soleil, attaché par un quart de cercle au pôle de l'écliptique, fera sa révolution au dehors de la sphère. Ainsi ce Soleil, qu'on voit circuler à l'extérieur, représente le Soleil moyen (1). On voit aussi que la marche de ce Soleil est un peu trop rapide : au lieu de faire son cercle juste dans une année moyenne, il fera de trop 9″,2 de degré. Mais qu'est-ce que 9″ sur un cercle qui n'a guère qu'un décimètre de rayon? Il faudra bien des années pour que l'erreur accumulée commence à devenir sensible à l'œil; et alors il sera si facile d'y remédier!

Si la Lune faisait sa révolution dans le même plan et autour des mêmes pôles que le Soleil, ou seulement autour de pôles immobiles, on conçoit que, pour représenter cette révolution, il suffirait de quelques roues de plus. Mais l'orbite de la Lune est inclinée à l'écliptique; les pôles de cette orbite ne sont pas fixes; ils font en 18 années communes, plus 228 jours, une révolution autour des pôles de l'écliptique. Cette complication de mouvemens augmentait singulièrement la difficulté. Le citoyen Janvier l'a surmontée par des moyens aussi simples qu'ingénieux, dont au reste il n'est pas aisé de donner

---

(1) Il nous paraît qu'il y a erreur dans ce passage. Le Soleil moyen doit se mouvoir sur l'équateur, et non pas sur l'écliptique. (*Voy.* ci-après pag. 111.)

une idée bien nette à ceux qui n'auraient pas la machine sous les yeux, et qui ne seraient pas accoutumés à juger de l'effet des rouages.

Une suite de quatre roues, dont l'une a pour axe l'axe même de la sphère, communique le mouvement à la roue qui porte la Lune. Cette dernière roue a une forme particulière : elle est faite en couronne, et les dents sont à la circonférence intérieure. C'est par là qu'elle communique au pignon qu'elle embrasse, et ce pignon est un huitième de la roue. Par cet arrangement, la Lune tourne autour de son pôle en $27^{j},2256015181$ tems moyen. Cette révolution serait trop prompte si elle se faisait autour d'un pôle immobile. Voici le moyen employé par l'auteur pour rallentir le mouvement et transporter le pôle le long d'une circonférence qui a pour axe et pour pôle l'axe et le pôle même de l'écliptique.

La roue de la Lune ne tient point à un axe. Nous avons dit qu'elle est faite en couronne, c'est-à-dire évidée intérieurement; elle est assujettie dans une bordure circulaire, où elle peut tourner librement avec la vitesse que nous avons dite : mais par cette bordure elle tient à une autre roue qui tire son mouvement de la roue annuelle du Soleil, et fait un tour en $6799^{j},1924$, à peu près comme les nœuds. Cette roue des nœuds causerait dans cet intervalle un retard d'une révolution entière à la roue de la Lune, ce qui ferait $0^{j},109$ sur chaque révolution. Mais à cause du pignon, qui est un huitième de la roue, le retard diminue de $\frac{1}{8}$, et se réduit à $0^{j},09573$. Ajoutant ce retard à la révolution de la roue qui porte la Lune, on retrouve à très peu près la durée du mois tropique lunaire : seulement la Lune fait chaque mois environ $12''$ de degré de plus qu'une circonférence entière, c'est-à-dire un degré de trop en 22 ans; erreur bien négligeable, et qu'il sera très facile de corriger si on laisse jamais la pendule 22 ans de suite en mouvement sans la moindre interruption (1).

La roue des nœuds fait circuler autour du pôle de l'écliptique un arc de cercle qui, par son intersection avec l'écliptique, indique le lieu du nœud.

Quand le lieu du nœud coïncidera avec le lieu du Soleil ou de la Lune dans les syzygies, on en pourra couclure une éclipse de Soleil ou de Lune, suivant que ces astres seront en conjonction ou en opposition : il n'est pas même nécessaire que la coïncidence soit bien exacte. Jusqu'à 13° ½ de distance au nœud, l'éclipse de Soleil est certaine ; jusqu'à 20, elle est douteuse : passé 20, elle n'a plus lieu. Les limites sont plus resserrées pour l'éclipse de Lune ; elle n'est sûre que jusqu'à 7° ¾, et n'a plus lieu passé 13° ½.

Il nous reste à expliquer comment cette sphère mouvante donne l'équation du tems ou plutôt le tems vrai. Cette partie du mécanisme peut s'appliquer avec de légers changemens à de simples horloges, et former des pendules d'équation d'un genre absolument neuf (2), et plus exact que tout ce qui a été fait jusqu'ici.

Vers le haut de la sphère on aperçoit deux cadrans cylindriques tournant autour du même axe ; l'un indique le tems moyen, l'autre le tems vrai. Disons ce qui les met en mouvement.

Ce sont deux roues mues par deux pignons pratiqués

(1) M. De la Lande a perdu une excellente horloge astronomique en moins de dix années, pour n'avoir pas fait changer les huiles des pivots dans cet intervalle.

(2) Comment une conception neuve, ou *une idée mère*, comme l'appelle M. Breguet, aurait-elle échappé à la cupidité ? (*Avert.*, note 2.)

sur le même axe, et qui les font tourner en une année moyenne.

L'une de ces roues est parallèle à l'équateur de la sphère; c'est elle qui conduit le cadran du tems moyen, auquel elle communique une vitesse angulaire de 59′ 8″,3 par jour. Le point midi de ce cadran avancera de la même quantité que le Soleil fictif moyen qu'on suppose parcourir l'équateur céleste.

L'aiguille de ce cadran mobile est une pointe verticale placée sur un méridien entraîné par l'axe de la Terre dans sa révolution diurne. A chacune des révolutions de l'axe, l'aiguille se trouvera de 3′ 56″ en retard, à cause du mouvement propre du cadran. Ces deux mouvemens combinés donnent une idée exacte de la manière dont se compose le jour moyen astronomique. La seconde des deux roues fait mouvoir le cadran du tems vrai; elle est inclinée de 23° 28′ à la première. Dans son mouvement, qui ne peut être qu'uniforme, elle entraîne, au moyen d'un arc de cercle, un canon qui lui est excentrique, et auquel, par conséquent, elle donne un mouvement inégal à raison de cette excentricité.

Mais ce canon est lui-même incliné de 23° 28′ à l'axe de la roue qui le meut; ainsi son mouvement se modifie encore à raison de cette inclinaison, et le cadran qu'il conduit a dans sa révolution les deux inégalités qui produisent la différence entre le tems vrai et le tems moyen.

Celle de ces inégalités qui vient de la réduction de l'écliptique à l'équateur peut être représentée avec toute la perfection qu'on voudra; cela ne dépend que de l'adresse de l'artiste: il suffit qu'il parvienne à incliner ses roues, de manière qu'elles fassent un angle égal à l'obliquité de l'écliptique. Il n'en est pas tout-à-fait de même de l'autre inégalité; il est aisé de voir que le moyen employé par l'artiste revient à l'idée des anciens astronomes qui faisaient tourner le Soleil dans un cercle dont la Terre n'occupait pas le centre. Or, cette hypothèse ne représente pas exactement la marche du Soleil, qui se meut sur la circonférence d'une ellipse. Pour déterminer l'erreur, nous avons réduit en série l'équation du centre que fournit l'ancienne hypothèse; et la comparant à la série qui exprime l'équation elliptique, nous avons trouvé qu'en négligeant les cubes de l'excentricité, ce qui est ici permis, la différence entre les deux séries est de $\frac{1}{4} e^2$ *sin.* 2 anom., ou en tems — 2″,9 *sin.* (double anomalie moyenne); c'est à cela que se réduit l'erreur nécessaire de la méthode, et cette erreur aura lieu dans les octans. Il est très douteux que, par les moyens connus, on puisse arriver à une telle précision; mais, en supposant qu'on le pût, il faut considérer que dans ces méthodes il y a une autre source d'erreur bien plus sensible. Toutes les pendules connues donnent l'équation pour les 365 jours de l'année commune; ainsi l'équation revient toujours la même à jour pareil. Cela serait bien si l'année était de 365 jours juste; mais, à cause des $5^{h.}$ 48′ 48″ qui s'accumulent pendant 3 ans de suite avant de produire un jour entier, il arrive que la pendule donne à midi l'équation qui avait lieu réellement à 6 heures ou minuit; ce qui peut produire une erreur de 15″.

La méthode du citoyen Janvier n'est pas sujette à cette erreur, puisqu'il l'a fondée sur une période astronomique. Son idée, en la supposant parfaitement exécutée, lui donnera, à 3″ près, la précision de ces Tables composées de l'équation du tems, qui ont pour argument la longitude du Soleil, qu'on trouve dans les Livres, et entre autres dans les Tables de Mayer, édition de Londres et de Berlin. Ces Tables supposent l'apogée immobile et l'excentricité invariable aussi bien que l'obliquité. L'erreur de ces suppositions peut en produire une de 14″ vers 3 et 9ˢ de la longitude du Soleil, au bout de 100 ans; mais cet inconvénient est inévitable. On ne pourrait y remédier qu'en donnant aux machines une complication que l'objet ne mérite pas.

Ce Rapport, peut-être trop long, prouvera à la Classe avec quel scrupule ses commissaires ont examiné la machine qui lui est présentée. Ne pouvant, à cause de la longueur des périodes, la soumettre à l'épreuve des observations, qui aurait été la plus concluante à plusieurs égards, ils ont examiné tous les mouvemens, calculé les produits de tous les pignons et de toutes les roues. Le citoyen Janvier a eu la complaisance de démonter à leurs yeux les parties dont le mécanisme était plus difficile à saisir.

Il est résulté de cet examen que la machine a toute la précision annoncée par l'artiste. Les petites erreurs inévitables dans une construction de ce genre sont très légères; à peine pourrait-on les apercevoir après un nombre d'années plus long probablement que celui pendant lequel l'horloge pourrait marcher sans être arrêtée, ne fût-ce que pour être nettoyée.

Depuis qu'il a mis la dernière main à cette machine, qui est une de ses premières conceptions, et à laquelle il a travaillé en différens tems et à différentes reprises, le citoyen Janvier a perfectionné plusieurs des révolutions qui y sont employées: il est parvenu à représenter les périodes de tous les astres par les seules différences de leurs passages au méridien, et tout cela de la manière la plus simple, avec deux roues motrices et deux roues conduites.

Il a trouvé le moyen de faire des roues pour représenter la grande période du mouvement des étoiles en longitude, par la différence des retours au méridien pour une étoile quelconque et le point de l'équateur avec lequel elle passait la veille. Le retard de l'étoile serait de $32''''$ environ par jour : elle reviendrait au méridien 9494100 fois seulement, tandis que le point de l'équateur y reviendrait une fois de plus (1).

Il a commencé et fort avancé plusieurs machines, les unes plus ou moins utiles, mais toutes curieuses, et qu'il se propose de présenter successivement à la Classe.

On pourrait demander si les mouvemens multipliés de la sphère mouvante, objet de ce rapport, ne seront pas un obstacle à la facilité et à la régularité de la marche. A défaut d'épreuve directe, qu'il nous a été impossible de faire, nous dirons que toutes les probabilités sont en faveur de la machine; nous les tirons de l'exécution soignée de toutes les pièces, de leur parfait ajustement, et du peu de résistance que l'on éprouve, du peu d'effort qu'on est obligé de faire quand on met en mouvement tous ces rouages, en y appliquant le bout du doigt.

Nos conclusions sont que la Classe doit des éloges et des encouragemens au citoyen Janvier pour l'adresse, l'intelligence et les combinaisons ingénieuses qu'on remarque dans sa sphère mouvante, et pour la manière neuve dont il a représenté la différence du tems vrai et du tems moyen. Enfin nous pensons que cette machine doit faire desirer que son auteur achève promptement celles dont il est maintenant occupé.

31 janvier 1800. Au palais national des sciences et arts, le 11 pluviose an VIII.

Signé COULOMB, Ferd. BERTHOUD; DELAMBRE, rapporteur.

La Classe approuve le rapport, et en adopte les conclusions.

Certifié conforme à l'original, à Paris, le 17 juillet 1807.

Le secrétaire perpétuel,

Signé DELAMBRE.

---

(1) Equateur $9494100 = 11 \times 70 \times 90 \times 137$. Accélérat. diurne $32'''' \frac{6814800}{9494100}$.
Etoile $9494101 = 23 \times 61 \times 67 \times 101$.

Lorsque je présentai cette machine à l'Institut national, M. le chevalier Delambre, commissaire rapporteur, voulut bien discuter la question sur laquelle nous étions divisés (1); il se donna la peine de la résoudre par différentes formules, dont j'ai tiré le plus grand avantage pour mon instruction.

Dans la sphère mouvante, *objet de ce rapport,* les révolutions du Soleil et de la Lune, calculées sur l'unité du jour sidéral, ou la rotation diurne de la Terre sur son axe, seraient suffisamment exactes si cet axe exécutait véritablement des révolutions sidérales; mais lorsque la machine est conduite par l'horloge, ces révolutions deviennent trop rapides. En voici la preuve :

La roue qui conduit l'aiguille solaire du second cadran, et dont la révolution est d'un jour moyen (2), par une suite de pignons et de roues dont les solides sont 91425 et 91676, fait tourner l'axe de la Terre en une fraction de jour moyen . . . . $= \frac{91425}{91676} = 0^{j},99726.20969.501$;

mais le jour sidéral (3) $= \frac{164359}{164809} = 0^{j},99726.95665.892$.

L'erreur de la révolution de l'axe de la sphère est donc. . . . . $0^{j},00000.74696.391$.

Nommons y la roue de la révolution de la Lune, et multiplions l'erreur par $27^{j},39$, nombre de jours sidéraux de la révolution y, l'erreur de la révolution sera $0^{j},00020.45934$. Car autant il y a de révolutions de la Terre dans une révolution de la Lune, autant l'erreur se trouvera de fois dans la révolution de la roue y.

---

(1) La durée de la révolution de la Lune.

(2) Page 107.

(3) En supposant l'année de $365^{j.}\ 5^{h.}\ 48'\ 48''$.

A présent multiplions l'erreur de y ou . . . $0^{j},00020.4593$
par. . . 24

0,00081.8372
409.186

nous aurons pour l'erreur de y en heures moyennes . . . . $0^{h},00491.0232$
ou en minutes . . . . $0',2946.1392$
ou enfin en secondes $17'',676.8352$

La révolution de la Lune sera donc trop rapide de 17'',68 de tems moyen, puisque l'axe de la sphère qui donne le mouvement à cette roue a lui-même une révolution trop rapide de $0^{j},00000747$.

Voilà pourquoi M. Delambre nous exprimait le regret que nous eussions fait dépendre tous les mouvemens du Soleil et de la Lune du mouvement de cet axe. Nous aurions pu, en effet, donner à l'axe de la sphère la vitesse du jour solaire moyen, et faire passer cet axe dans un canon qui aurait porté la Terre, et qui aurait eu l'accélération du jour sidéral.

Mais la révolution de la roue y est encore altérée par celle de la roue des nœuds (1), et cette complication de mouvemens est un autre obstacle à son exactitude. Nous croyons être parvenu à corriger ces défauts dans la nouvelle sphère que nous avons construite, où toutes les révolutions rapportées à l'échelle du jour moyen sont indépendantes les unes des autres.

Qu'il nous soit permis, avant de passer à la description de cette machine, d'exposer les calculs de M. Delambre.

« J'ai examiné de nouveau la question sur laquelle nous sommes divisés, et je me suis prouvé de deux façons diffé-

(1) Page 109.

rentes que la révolution de la Lune est trop courte. Voici l'un de mes nouveaux calculs :

« La révolution de la roue de la Lune, en tems moyen, et indépendamment de la roue des nœuds, est de $27^{j.},2256015183$. C'est le tems qu'elle emploie à faire ses 360°. Son mouvement diurne sera donc $\frac{360°}{27,2256}$, etc.

« Le retard opéré par la roue des nœuds est de $\frac{7}{8}$ de révolution de la roue de la Lune en $6799^{j.},1924$; il est par jour de $\frac{\frac{7}{8}(360°)}{6799,1924} = \frac{315°}{6799,1924}$.

« Le mouvement diurne de la Lune sera la différence de ces deux nombres, ou bien

$$\frac{360°}{27,2256} - \frac{\frac{7}{8}(360°)}{6799,1924} = \frac{6799,1924 \times 360° - \frac{7}{8}(360°)\ 27,2256}{27,2256 \quad \times 6799,1924}.$$

C'est le mouvement diurne en degrés. Or, le mouvement diurne : un jour : : 360° : tems de la révolution.

$$\text{Donc tems de la révol.} = \frac{360° \times 1\text{j.}}{\text{mouv. diurne}} = \frac{360° \times 1\text{j.} \times 27,2256 \times 6799,1924}{6799,1924 \times 360° - \frac{7}{8}(360°)\ 27,2256}$$

$$= \frac{27,2256 \times 6799,1924}{6799,1924 - \frac{7}{8}(27,2256)} = \frac{27,2256}{1 - \frac{7}{8}\left(\frac{27,2256}{6799,1924}\right)} =$$

$$27,2256\left(1 + \left(\frac{7}{8}\cdot\frac{27,2256}{6799,1924}\right) + \left(\frac{7}{8}\cdot\frac{27,2256}{6799,1924}\right)^2 + \left(\frac{7}{8}\cdot\frac{27,2256}{6799,1924}\right)^3 + \text{etc.}\right)$$

« Ce calcul se fera commodément, et avec une exactitude plus que suffisante, par les logarithmes. Le premier terme de cette série sera donc . . . . . $27^{j.},2256015$

Le $2^{e} = 27,2256\left(\frac{7}{8}\cdot\frac{27,2256}{6799,1924}\right) =$ 0. 0953905

Le $3^{e} = 27,2256\left(\frac{7}{8}\cdot\frac{27,2256}{6799,1924}\right)^2 =$ 0. 0003342

Le $4^{e} = 27,2256\left(\frac{7}{8}\cdot\frac{27,2256}{6799,1924}\right)^3 =$ 0. 0000012

Révolut. vraie dans la sphère $27^{j.},3213274 = 27^{j.}\ 7^{h.}\ 42'\ 42'',69$

Dans le ciel 27 7 43 4 7

Erreur à mon avis . . . . 22″

« Cette erreur est moindre que celle qui résultait de mes premiers calculs, dans lesquels je n'employais que les deux premiers termes de la série. Il serait inutile d'en calculer plus de quatre; le quatrième même est insensible.

« Cette série exprime les retards successifs. Le premier terme exprime le retard pendant les $27^{j},2256$, etc.; le suivant exprime le retard qui a lieu pendant que la Lune regagne le retard du premier terme, et ainsi de suite.

« Cette méthode me paraît la plus claire. Le terme $\frac{360^{\circ}}{27,2256}$ est bien le mouvement angulaire de la Lune, en un jour moyen, autour du pôle de la roue *y*. Il me paraît également convenu que le retard produit par la roue des nœuds *n* est de $\frac{7}{8}$ de *y* en $6799^{j},1924$; car la roue des nœuds ferait perdre une révolution de *y* sans le pignon qui fait regagner $\frac{1}{8}$: ainsi le retard diurne est bien $\frac{\frac{7}{8}(360^{\circ})}{6799,1924} = \frac{315^{\circ}}{6799,1924}$. Ce terme, exprimé en degrés, prévient toute objection. Voilà bien les deux mouvemens réduits à une même échelle. La différence de ces mouvemens est celui avec lequel marche la Lune dans la sphère mouvante; et je ne vois aucune objection à l'analogie suivante : le mouvement relatif de 1^{j} : 1^{j} : : 360° de mouvement relatif est au tems de la révolution.

« Je suis déjà convenu qu'en inventant la machine on est obligé de prendre des voies détournées ; mais pour la vérifier, il faut suivre directement le mécanisme depuis la première roue jusqu'à la dernière; réduire tout à une même échelle pour éviter toute confusion, toute erreur et toute obscurité. »

Il est impossible de se refuser à l'évidence de ces raisonnemens; et dans cette hypothèse la révolution lunaire serait véritablement trop rapide de 22″ de tems moyen : ainsi, à chaque tour, la Lune avancerait sur son cercle de 12″,1. Ce serait une minute pour cinq révolutions, un degré pour trois cents révolutions, ou 22 ans environ; et c'est aussi la quantité établie dans le rapport de messieurs les commissaires.

Cette quantité est le produit de la petite différence qui se trouve entre la durée de la révolution de l'axe de la sphère et le jour sidéral, multipliée par 27^j,39. L'expérience suivante nous a paru propre à faire concevoir cet effet à ceux qui ne seraient pas en état de suivre le calcul précédent.

Après avoir interrompu la communication de l'horloge avec la sphère, nous avons placé les nœuds dans les équinoxes, et la Lune au solstice d'hiver : le Soleil se trouvait au commencement de la Balance, et le méridien marquait 3^h. ¼ après midi sur le cadran mobile du tems moyen.

Nous avons fait marcher la machine à la main, par l'axe de la Terre, jusqu'à la fin de la 996e révolution de la Lune, et son retour au même degré : le méridien marquait alors 10^h. ¼ après midi, le Soleil se trouvait au commencement du Bélier, et la roue des nœuds avait fait quatre révolutions et quelques degrés de plus; de sorte que la petite erreur qui aurait pu résulter du défaut d'ajustement de la roue de la Lune sur la roue des nœuds devenait absolument nulle; le méridien avait compté 27212^j. 7^h. ½ pour 996 révolutions de la Lune.

Cette épreuve ne peut se prendre à la rigueur que dans les limites de 8 à 10 minutes, le cercle horaire n'étant pas subdivisé en minutes; mais comme ce terme est fort éloigné de 6^h. 5' environ, qui résulteraient d'une erreur de 22'' (1), on en peut conclure que la révolution de la Lune serait fort exacte si elle n'était pas troublée par la révolution de la Terre qui

(1) Si cette erreur dépendait de ce rouage.

lui imprime le mouvement. Cette expérience donnerait 27$^{j.}$ 7$^{h.}$ 43′ 7″ de tems moyen pour le retour de la Lune au même point du ciel.

Mais en détachant l'axe de la sphère de l'horloge qui doit la faire mouvoir, et en faisant tourner cet axe à la main, nous avons supposé tacitement qu'il tournait en 24 heures sidérales; nous exécutions des révolutions proportionnelles au mouvement de cet axe; et comme le rouage est suffisamment exact, en prenant pour unité de vitesse la durée du jour sidéral, nous n'avons pas dû trouver d'erreur sensible; en rétablissant la communication, et laissant conduire la sphère par son horloge, alors l'erreur raparaîtra telle que la donne le calcul: d'où l'on voit combien il est essentiel, dans une machine de cette espèce, d'établir une unité de vitesse invariable, et qui ne puisse être augmentée ni diminuée par la communication d'aucun autre rouage.

En composant la machine que nous décrirons dans l'article suivant, nous avons profité des observations de M. Delambre, et nous doutons que l'on puisse obtenir une plus grande exactitude avec aussi peu de roues. Avant cette discussion nous avions construit une sphère à peu près semblable, où nous rapportions les mouvemens de la Lune à l'échelle du jour moyen; mais la révolution du Soleil dépendait du jour sidéral, exprimé par la même suite de roues. Cette machine, réduite à quatre pouces de diamètre, fut vendue par M. Coquille (1) à l'un des plus célèbres artistes de Paris, qui s'empressa d'effacer le nom de l'auteur pour y substituer le sien.

---

(1) Les relations de M. Coquille avec les artistes et les amateurs lui ont acquis beaucoup d'estime et de confiance de leur part, et nous n'avons qu'à nous en louer personnellement.

ARTICLE SECOND.

Description d'une nouvelle Sphère mouvante, plus simple et plus exacte que celle dont il est question dans le rapport.

Cette machine est représentée du côté de l'équinoxe du printems, à peu près sur le plan du grand cercle qui passe par les solstices ; elle est fixée sur son pied par le pôle méridional de l'écliptique : ainsi l'équateur AB est incliné de gauche à droite vers le solstice d'été, et l'écliptique *ab* se trouve parallèle à l'horizon. Pl. VII, fig. 1.

Le cercle de latitude CD (1), qui passe par les points équinoxiaux, est assemblé à angles droits, avec le colure des solstices EF (2), par le moyen d'une pièce de cuivre en forme de croix, vue en plan fig. 2. Cette pièce porte une partie cir-

(1) Les cercles perpendiculaires à l'écliptique, tels que CD, s'appellent *cercles de latitude*, et servent en effet à compter les latitudes : c'est ce que les Anglais nomment *secondaries of the ecliptik*, parceque ces cercles se rapportent à l'écliptique, et en sont comme des accessoires. (De la Lande, *Astron.*, art. 96.)

(2) Le grand cercle passant par les pôles du monde ou de l'équateur, et par les points solsticiaux, s'appelle le colure des solstices. On a donné un nom distinctif à ce méridien, parcequ'il sert à mesurer l'obliquité de l'écliptique : tous les astres placés sur ce colure ont 90° ou 270° d'ascension droite, et autant de longitude.

Le colure des équinoxes est un autre méridien qui est perpendiculaire au colure des solstices, et qui passe par les pôles du monde et par les points équinoxiaux. Tous les astres placés sur ce colure ont zéro ou 180° d'ascension droite; mais leurs longitudes varient.

culaire *a b*, percée hors de son centre, ou de la section des deux cercles, à la distance de 3375 parties du rayon de la sphère, divisé en 100,000, prises sur la ligne qui passe à environ 3ˢ· 8° 54′ pour le commencement de ce siècle.

L'ouverture *c d* doit avoir un assez grand diamètre pour que le cylindre puisse être percé, à la même excentricité, d'un trou qui réponde à la section des deux cercles, ou au centre de la partie circulaire *a b*. Ce centre répond à celui de la sphère, tandis que le centre du cylindre est au pôle de l'écliptique, qui est excentrique, comme on le voit fig. 1. Le cylindre est fixé sur un pont qui se place entre la roue annuelle G et la petite roue *e* (1). Ce pont est attaché, par deux fortes vis, sur la platine qui forme la partie supérieure de l'horloge, et reçoit le piédouche H I, placé pardessus les roues G, *d*, *e*.

Le canon de la roue annuelle tourne sur le cylindre du pont : le bout de ce canon, saillant au dessus de la ligne *f g*, reçoit l'arc de cercle K*f s*, dont la partie K*f* est vue en plan, fig. 3, avec la roue motrice G fixée sur elle. L'autre extrémité du quart de cercle porte le Soleil S, qui fait sa révolution sur l'écliptique, en dehors de la sphère, en 365ʲ· 5ʰ· 48′ 48″, par une suite de roues et de pignons dont les solides sont entre eux comme 1800 : 657436, en prenant pour unité de vitesse la durée du jour solaire moyen.

La sphère se fixe, par la pièce fig. 2, sur le bout prolongé du cylindre, au dessus du canon de la roue annuelle; elle est retenue par la base demi-circulaire, fig. 4, d'un pont, fig. 5, qu'on attache avec trois vis sur le plan de la fig. 2, savoir deux

---

(1) Ce pont a été oublié dans le dessin, et nous avons seulement indiqué sa position par une ligne ponctuée.

vis dans la partie *ab*, et la troisième dans le cylindre. En cet état, la sphère est inébranlable sur l'horloge qui la conduit.

Le plan fig. 4 est la base du canon fig. 5, dont la cavité répond au trou du cylindre. C'est dans ce trou que passent l'axe et le canon qui portent l'un la roue *d*, et l'autre la roue *e*, vues séparément fig. 6.

Le bout du canon de la roue *e* est découpé en lanterne, et forme le pignon *n*, moteur de la révolution périodique de la Lune : ce pignon arrive, dans l'intérieur du canon, fig. 5, à la hauteur de l'entaille *s*; il tourne, ainsi que la roue, avec la vitesse du jour moyen. L'axe de la roue *d* passe librement dans l'intérieur du canon de la roue *e*, et porte dans la sphère la petite roue *c*, qui tourne avec la vitesse du jour sidéral, et conduit la roue *t* placée sur l'axe de la Terre T, auquel elle imprime la même vitesse.

La roue L est celle du mouvement périodique de la Lune; son canon conduit la pièce *lm*, vue en plan, fig. 7, avec les deux roues qui sont montées sur elle, la première au moyen d'un pont *pp*, vu de profil au dessus de la figure avec la roue *c*, qui se place au centre de mouvement de la pièce *lm*; la seconde est montée sur une vis à portée *v*. La roue *b* engrène dans la roue *c*, fig. 1, et celle-ci fait faire un tour à la roue *a*, par l'engrénage de la roue *b*, dans l'espace d'une révolution synodique, pour représenter le phénomène des phases de la Lune relativement à la Terre, en dirigeant toujours la partie éclairée du globe lunaire du côté du Soleil.

La figure 8 représente le plan de la potence qui reçoit le pivot de l'axe de la Terre; cette pièce se place sur la portée *r* du canon fig. 5, et s'y fixe par le moyen d'une vis *w*.

La roue des nœuds N conduit le cadran 1 et l'excentrique 2, Fig. 1.
sur lequel appuie le bout d'un levier *n* mobile sur la vis à broche *o*; la partie *p* soutient le bout de l'axe qui porte l'image

de la Lune, et lui donne son mouvement en latitude. Si le cercle 2 était concentrique, le levier *n* resterait sans mouvement, et la Lune dans le plan de l'écliptique; mais à cause de son excentricité, l'axe est obligé de monter et descendre alternativement dans le canon porté par la roue *a*. La goupille *r* empêche cet axe de tourner séparément du canon, et laisse libre le mouvement latéral par le moyen d'une coulisse pratiquée dans l'épaisseur de ce canon du côté *r*. Si l'on voulait éviter ce travail, on pourrait faire la roue *a* assez épaisse pour qu'elle ne quittât pas l'engrénage de la roue *b* par le mouvement latéral, comme on le voit fig. B : alors l'axe roulerait directement dans les trous pratiqués l'un au pont *pp*, et l'autre à la pièce *lm*.

Fig. 9 et 10. L'axe de la Terre porte un pignon *z* au pôle boréal de la sphère. Ce pignon est le moteur d'un rouage vu en plan fig. 9, et de profil fig. 10 : ce rouage est destiné à faire tourner le cadran M du tems moyen avec la vitesse de l'année moyenne; les heures sont marquées par une aiguille *k* fixée sur un méridien qui tourne avec l'axe de la Terre. Le second cadran V est immobile; son point midi est dirigé au commencement du Bélier, et la même aiguille indique le tems sidéral sur la division horaire. La disposition de ces cadrans est vue dans
Fig. 11. tout son développement figure 11, et n'a pas besoin d'autre explication.

La Terre entraîne aussi dans son mouvement diurne un horizon N, auquel on peut donner une inclinaison quelconque depuis zéro jusqu'à 90 degrés.

Le mouvement périodique de la Lune, avec une motrice de 24 heures, est exprimé par une suite de roues et de pignons dont les solides sont entre eux comme 6580 : 179766; sa durée est de $27^{j.}\ 7^{h.}\ 43'\ 4''\ 34'''\frac{112}{658}$. On voit le calibre de ce rouage
Fig. 12. fig. 12, avec le nombre de dents des roues.

La révolution des nœuds (1), en prenant pour motrice la roue G fixée sur le quart de cercle Kf, fig. 3, pourrait être exprimée, avec une approximation suffisante, par les solides suivans :

$$\frac{\text{R. } 1475 = 25 \times 59}{\text{R. } 27454 = 106 \times 259} = 6798^{j.}\ 5^{h.}\ 7'.$$

Si l'on prenait pour motrice la vitesse périodique de la Lune, on aurait la fraction $\frac{2009}{497640}$ pour une révolution de $6798^{j.}\ 3^{h.}\ \frac{1}{4}$, ou $\frac{101}{15180}$ pour $6798^{j.}\ 5^{h.}\ \frac{3}{4}$, ou enfin $\frac{396 = 6 \times 6 \times 11}{98532 = 34 \times 46 \times 63}$, qui donnerait $6798^{j.}\ 2^{h.}\ 28',6$, avec des mobiles très petits, puisque la roue des nœuds pourrait n'avoir que 63 dents.

La révolution du cadran M, par la vitesse du jour sidéral, qui est celle du pignon moteur z placé sur l'axe de la Terre, a pour solides 2009 et 735782, dont les diviseurs ont fourni les roues et pignons représentés fig. 9 et 10. Cette révolution est de $366^{j.}\ 5^{h.}\ 49'\ 47''\ 9'''$ de tems sidéral $= 365^{j.}\ 5^{h.}\ 48'\ 48''$ tems solaire moyen.

Pour changer la vitesse du jour solaire moyen en celle du jour sidéral, pour le mouvement relatif des deux roues e et d, fig. 1 et fig. 6, on peut prendre la fraction $\frac{13552}{13515}$, dont la différence de vitesse est de $3'\ 55''\ 53'''\ 28''''$, ou les nombres $\frac{4029 = 51 \times 79}{4018 = 49 \times 82}$, que nous avons employés en 1789 dans une horloge à tems sidéral, et qui donnent une accélération de $3'\ 55''\ 53'''\ 23''''$, comme nous l'avons fait vérifier à cette époque par M. De la Lande. . . . . Nous finissons en déplorant la perte d'un savant qui donna la plus forte et la plus

(1) Les dimensions de la planche ne nous ont pas permis de placer le plan ou calibre de ce rouage dans la distribution des figures.

durable impulsion à la science qu'il professait. De la Lande eut un esprit distingué, une infatigable activité, un généreux courage, et quelques travers..... Il est consolant pour ceux qui lui doivent de la reconnaissance de pouvoir opposer à de graves erreurs des pensées nobles, de belles actions, des travaux utiles, et d'innombrables bienfaits que sa tombe recèle.

FIN.

TABLE

DES MATIERES CONTENUES DANS CE VOLUME.

ERRATA.

Pag. 30, lig. 9, du centre E avec un arc, *lisez* du centre E un arc.

Pag. 44, lig. 6, × 145, *lisez* × 146.

Ibid. dernière ligne, afin que Saturne tourne d'orient en occident, *lisez* d'occident en orient.

Pag. 49, lig. 13, on trouve 735 jours, *lisez* 765 jours.

Pag. 65, lig. 20, cercle BDFA, *lisez* BDFN.

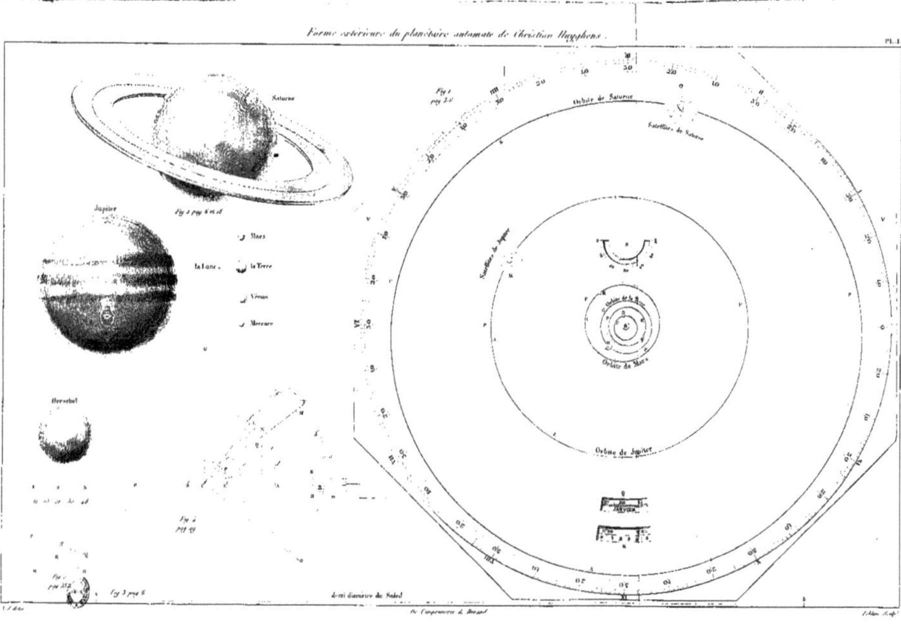
Forme extérieure du planétaire automate de Christian Huyghens.
Pl. I.
Saturne
Jupiter
Herschel
Mars
la Lune
la Terre
Vénus
Mercure
Orbite de Saturne
Satellites de Saturne
Satellites de Jupiter
Orbite de Jupiter
Orbite de Mars
JANVIER
demi diamètre du Soleil

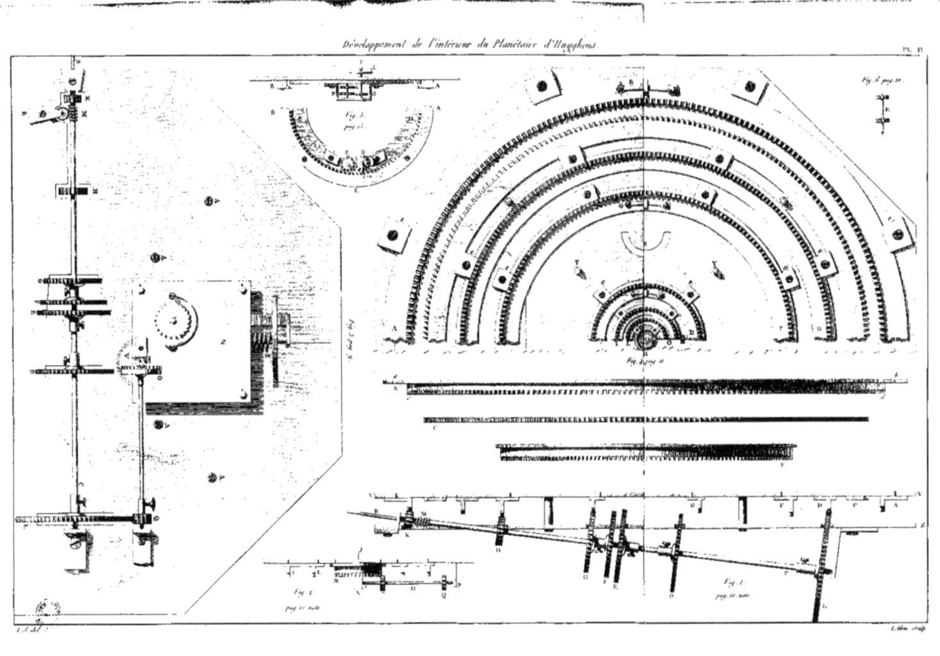
Développement de l'intérieur du Planétaire d'Huyghens.
Pl. II
Fig. 3.
Fig. 6. pag. 10.
Fig. 1.
Fig. 2.

Planisphère qui représente le mouvement apparent des planètes à l'égard de la Terre. Pl. III.

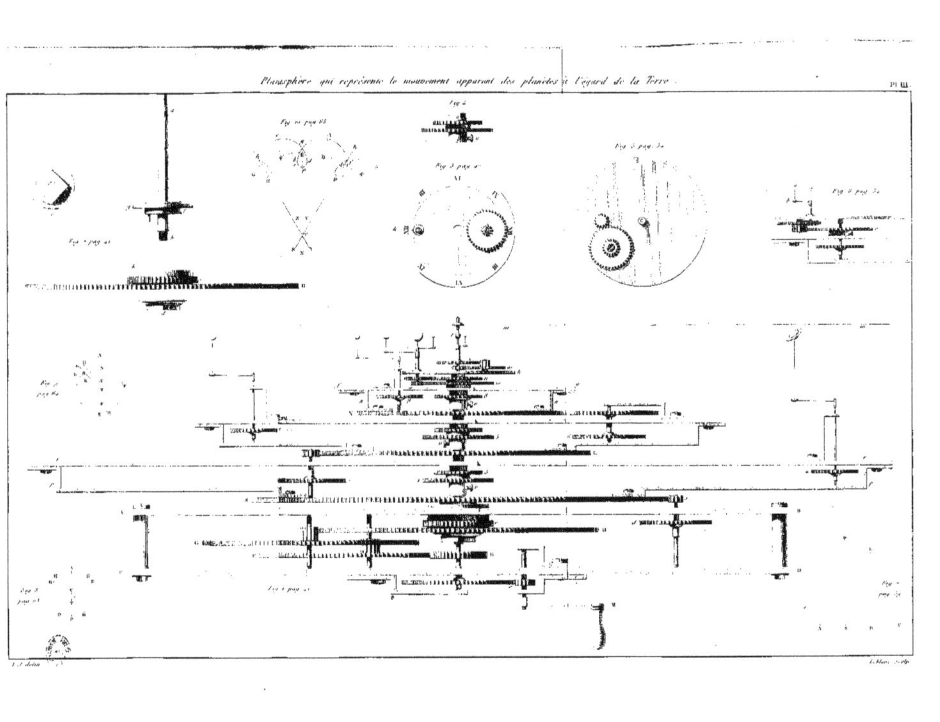

Machine planétaire plus complète que celles qui ont été exécutées jusqu'à ce jour.

Pl. IV.

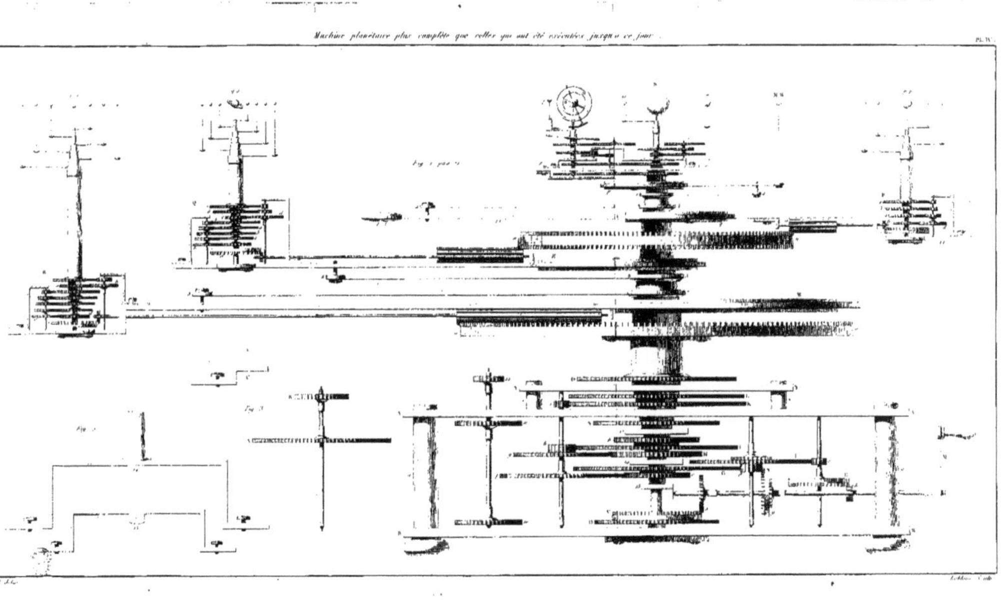

Mécanisme qui produit les révolutions de la Terre, de la Lune, de ses nœuds &c.

Pl. V.

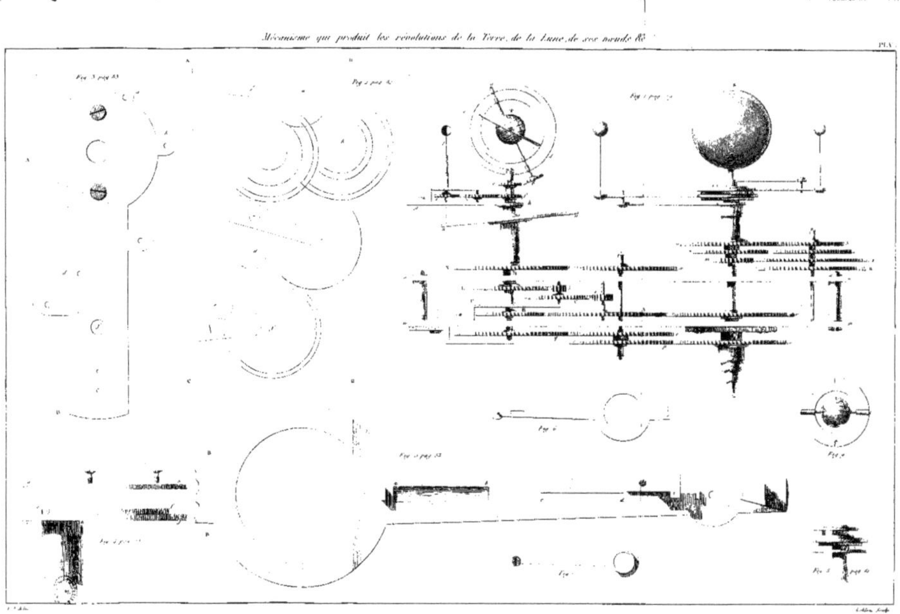

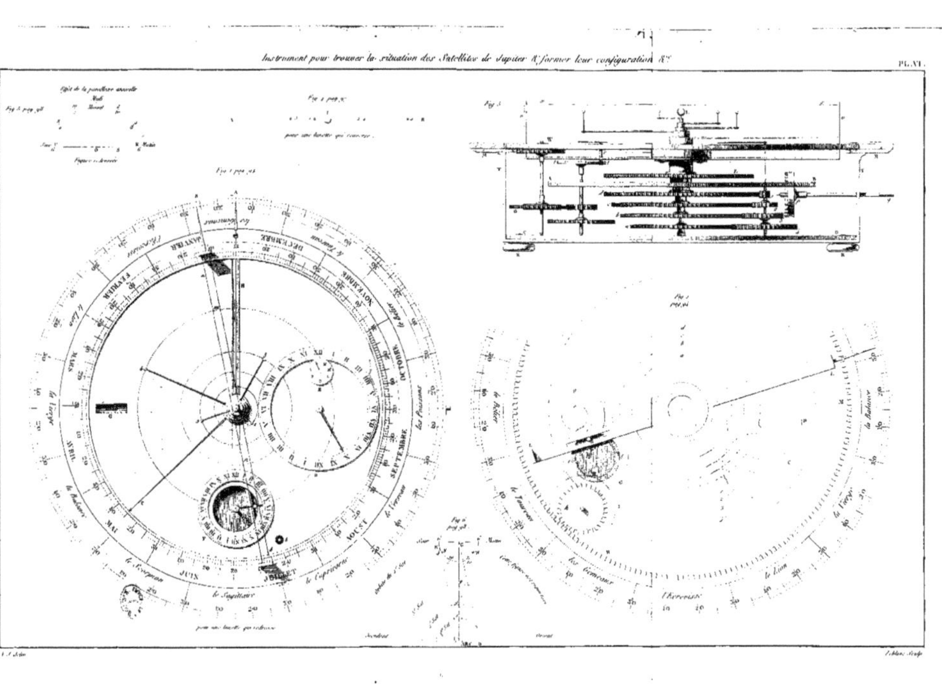
Instrument pour trouver la situation des Satellites de Jupiter & former leur configuration &c.
PL. VI.
JANVIER
FEVRIER
MARS
AVRIL
MAI
JUIN
JUILLET
AOUST
SEPTEMBRE
OCTOBRE
NOVEMBRE
DECEMBRE
le Sagittaire
le Capricorne
le Scorpion
la Balance
la Vierge
le Lion
l'Ecrevisse
les Gemeaux
le Taureau
le Belier
les Poissons
le Verseau

Développement du mécanisme d'une Sphère mouvante.

Pl. VII

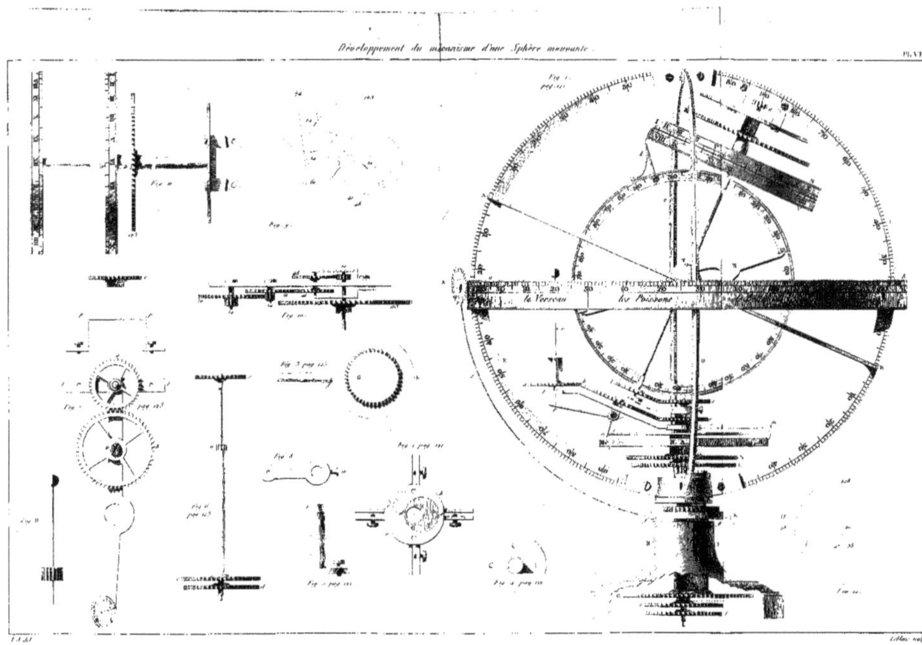

www.ingramcontent.com/pod-product-compliance
Ingram Content Group UK Ltd.
Pitfield, Milton Keynes, MK11 3LW, UK
UKHW020307180726
13839UKWH00001B/399

9 782329 486079